目录

我和小伙伴的友情针织衫……2

作品1：P.2

作品2：P.3

作品3：P.4

作品4：P.5

作品5：P.6

作品6：P.7

作品7：P.8

作品8：P.9

作品9：P.10

作品10：P.11

我和妈妈的母女装……12

作品11：P.12

作品12：P.13

作品13：P.14

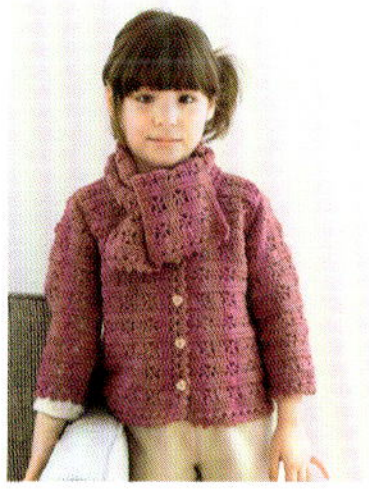
作品14：P.16

作品15：P.18

作品16：P.19

作品17、18：P.20

作品19：P.21

快乐玩耍时穿的保暖毛衣……22

作品20：P.21

作品21：P.22

作品22：P.23

作品23：P.24

作品24：P.25

作品25：P.26

作品26：P.27

作品27：P.28

作品28：P.29

作品29：P.30

作品30：P.31

●○ 90、100、110cm

＊参考尺码

实际编织时请参考（单位 cm）

尺寸	身高	胸围	臀围	背长	肩宽	袖长
90	85 ~ 95	45 ~ 51	44 ~ 50	26	24.5	28
100	95 ~ 105	49 ~ 55	46 ~ 52	27	26.5	31.5
110	105 ~ 115	53 ~ 59	48 ~ 54	28	28.5	35

●○ 100（110）cm

我和小伙伴的友情针织衫

男孩子、女孩子们，大家集合了
又到了穿温暖针织衫的季节
不论是什么样的设计
简单又容易搭配、
可以套在一起穿的衣服
最棒

姐姐和弟弟
小朋友和哥哥
选择自己的尺码
颜色变一变
不论是男孩子还是女孩子
谁都可以找到合适的

总会和别人的小毛衫有一点点不同
因为是妈妈给我编织的
世界上唯一的一件毛衣哦

1

2

红色的条纹，五分的半袖，
即使是套在一起穿也会很搭，
略向外伸展的下摆让他看起来像是一个小大人。
藏青色的条纹，
肩部和领子的配色是重点。
这是一款普通套头衫的改进版。
两款毛衣只是有一点点不同，
看起来是不是像亲密的兄弟姐妹？

设计：河合真弓
制作：高间志吕子
使用线：和麻纳卡
编织方法：1 / P.33、2 / P.36

●○ 90（100）cm

3

粗花呢毛衫，
摸起来很有质感又可爱。
身体部分整体编织，
起伏针编织的小翻领是重点哦。

设计：冈本启子
制作：野吕顺子
使用线：和麻纳卡
编织方法：3 / P.38、4 / P.42

●○ 100（110）cm

育克和下摆采用单罗纹针编织，穿起来会有蓬松的轮廓。
采用粗花呢织出了乡村风，
是甜而不腻的一款设计。
可以搭配五分裤，男孩子也可以穿。

4

●○ 100（110）cm

这款改变了下摆、袖口、衣领的
普通套头针织衫穿起来使她像一个小大人，
全身都只是简单的下针编织。
一字领和蓬松的五分袖，
里面也可以套穿其他的衣服。

设计：冈本启子
制作：井户本早百合
使用线：和麻纳卡
编织方法：5 / P.40、6 / P.44

5

90 (100) cm

起伏针编织的带有横条纹状的小翻领开衫，
可以作为活泼可爱的宝宝平时的装束，
玩耍、吃饭都不会有妨碍，
这就是五分袖针织衫的方便之处。
卷起来的小领口真是可爱啊。

6

●○ 90cm

不论是顽皮的男孩子还是淘气的女孩子，
只要穿上它就会变身乖乖宝贝。
这款圆领长袖的宝贝开衫穿起来十分方便。
洋气的姐姐，可以织成短款的夹克，
衣领处再加上浪漫的蕾丝花边。
男孩子穿上时，佩戴上从手工店买的徽章可是非常帅气哦。

设计：河合真弓
制作：松本良子
使用线：和麻纳卡
编织方法：P.46

7

●○ 110cm

8

●○ 90~100cm

9

英式罗纹针编织的五分裤和贝雷帽。
和普通的罗纹针比较起来，
织物更有质感，
看起来蓬松柔软。
出门玩耍
或者散步都很合适。

●○ 90~100cm

带有狗牙边的可爱五分裤。
喜欢可爱装扮的女孩子一定会选择这件吧?
用钩针编织的窄檐帽也很漂亮。

设计: 川路由美子
使用线: 9 / 和麻纳卡
10 / 和麻纳卡
编织方法: 9 / P.51、10 / P.54

10

100~110cm

我和妈妈的母女装

虽然
妈妈总是穿着黑色、茶色的衣服
但她小的时候也非常喜欢粉色、红色
并且带有花朵装饰的衣服
外婆是这样说的

这是真的吗

妈妈很擅长为我选择时髦简单的小洋装
这样很好
实际上
我更喜欢与众不同
最喜欢浪漫又时髦
带有可爱的蕾丝的衣服

妈妈小时候也是这样的吧
如果真是这样就好了
我们就可以变得更加亲密了吧

11

等针直编，袖子部分缝合起来，
很有古典感觉的
小雏菊无纽扣短上衣。
素色的亚麻素材，
如果是妈妈穿的话可以编入闪亮的金银丝线。
菱形的镂空花样
是不是有点优雅精致的感觉呢?

设计: 河合真弓
制作: 羽生明子
使用线: 11 /和麻纳卡
12 / 和麻纳卡
编织方法: 11 / P.58、12 / P.57

12

13

有着蓬松轮廓的背心裙外面，
再套上一件圆领小开衫。
采用有机棉线编织而成，
是一款气质优雅的小套装。
颇受欢迎的玫瑰花胸针，
也是用棉线织成，超级可爱的哦。

设计：河合真弓
制作：关谷幸子
使用线：和麻纳卡
编织方法：P.60

●○ 100 (110) cm

14

引人注目的奢华玫瑰色，
钩针编织的开衫和围巾。
和普通的休闲装搭配也很可爱，
套在连衣裙外面出门也很合适。
会是小朋友非常喜爱的一件衣服。

设计：川路由美子
使用线：和麻纳卡
编织方法：P.64

●○ 110 (100cm)

●○ 100~110cm

15

纵向排列的可爱小花图案，
组合成一款带有保暖护腕的短裙套装。
是很让人期待的秋冬款。

设计：笠间 绫
使用线：和麻纳卡
编织方法：P.68

16

钩针编织的镂空花样短裙。
不管穿五分裤还是牛仔裤，
都很合适。
秋天穿的感觉最棒了。

设计：笠间 绫
使用线：和麻纳卡
编织方法：P.70

用立体花片织成的蓬松、奢华的母女款包包。
妈妈手袋采用了沉稳的配色，看起来很有品位和女人味。
大红色的迷你宝宝手袋可以作为装饰点缀，非常可爱。

设计: 冈本启子
制作 : 儿岛文惠
使用线: 和麻纳卡
编织方法: P.72

●○ 90 ~ 110cm

纯棉的胸针上面带有纯棉的绒球。
将平时佩戴的饰物也和衣物一起更换。
和妈妈一起，今天要选哪个发圈呢?
心情也会变好吧?

设计: 川路由美子
使用线: 和麻纳卡
编织方法 : P.67

110cm

快乐玩耍时穿的保暖毛衣

21

秋意渐浓
到了需要穿保暖的手织毛衣的季节了

毛衣在街上随处都可以买到
可是妈妈亲手编织的这款毛衣全世界只有一件
忙中偷闲完成的手织毛衣
现在已经不好找了

顽皮鬼呀，爱哭鬼呀
有一点想装大人腔的小女孩呀
无论有多寒冷也喜欢在外面跑来跑去的
健康的宝贝们
好想温暖他们每个人的心灵
把妈妈亲手编织的毛衣送给他们吧

90cm

22

身片采用传统的阿兰花样，
是一款很有冬天感觉的宝宝毛衫。
不论男孩子还是女孩子都很适合的
开衫款，
很利索的感觉，
是轻便出行的不二法宝。

设计：山本玉枝
制作：21 /竹内良子、22 / 佐藤圣
使用线：和麻纳卡
编织方法：21、22 / P.74

●○ 90cm

23

把头部以下完全盖住，看上去就让人感觉很温暖的披风。
时髦又可爱的装扮，
总是很受欢迎。
设计了可以很方便地把手伸出来的开放式袖口，
胸前的口袋可以暂时充当一下手套，
真的是非常方便。

设计：笠间 绫
使用线：和麻纳卡
编织方法：23 / P.78、24 / P.81

●○ 100 ~ 110cm

24

●○ 100~110cm

两种颜色交替编织罗纹针完成的围巾，
和手背上编织桂花针的同款手套。
男孩子的话，如果给他用喜欢的球队的颜色编织的话，
会成为非常棒的礼物。

设计: 永井顺子
使用线: 和麻纳卡
编织方法: 25 / P.84、26 / P.86

用钩针编织的波浪形小围巾，
两端垂有两颗大大的毛球超可爱。
表面带有凹凸不平花纹的手拎袋，
适合小朋友随身携带。

26

●○ 100~110cm

圆圆的花片一枚枚地连接起来，
可以组成一款超浪漫的头饰。
搭配同款的手套一起佩戴，
很像森林中的小精灵吧？

●○ 90~110cm

28

带有兜帽和口袋，
是非常引人注目的一款可爱小围巾。
指上挂线编织圈圈针即可，
帽子和口袋都松松软软的感觉好极了。

设计：茂木三纪子
使用线：和麻纳卡
编织方法：27 / P.88、28 / P.87

100~110cm

29

升级版的超好搭蓝色厚开衫，
背部织有帅气的龙图案。
粉色的厚开衫上，
配有可爱的彩色纽扣。
颜色丰富的时尚羊毛衫外套完成了，
无论哪一款都会很适合活泼的宝贝们。

设计：RYO
制作：田中富子
使用线：和麻纳卡
编织方法：29 / P.90、30 / P.93

●○ 100~110cm

30

1
page2
100
(110)cm

●材料

线…和麻纳卡 瓦帕曲 丹妮斯 原色(2) 100cm 140g，3团 110cm 160g，4团；红色(38) 100cm 60g、110cm 70g，各2团

配件…直径15mm的纽扣6颗

针…棒针7号

●成品尺寸

100cm 胸围72cm，肩宽30cm，衣长44.5cm，袖长20cm

110cm 胸围76cm，肩宽32cm，衣长46.5cm，袖长22cm

●密度

10cmX10cm面积内：下针条纹22针，26行

●编织要点

后身片 从下摆开始手指挂线起针，编织6行双罗纹针，之后编织下针条纹。袖窿减针时左右交替做伏针减针。领窝从右侧开始挑针编织，织到中间部分加线编织伏针，继续编织左侧。

前身片 和后身片的编织要领一样。

衣袖 袖下在1针内侧渡线编织扭加针，编织终点处编织伏针收针。

组合 将前、后身片肩部双罗纹针的针与行对齐钉缝，和衣袖缝合。胁和袖下挑针接缝。衣领挑针编织，缝上纽扣。

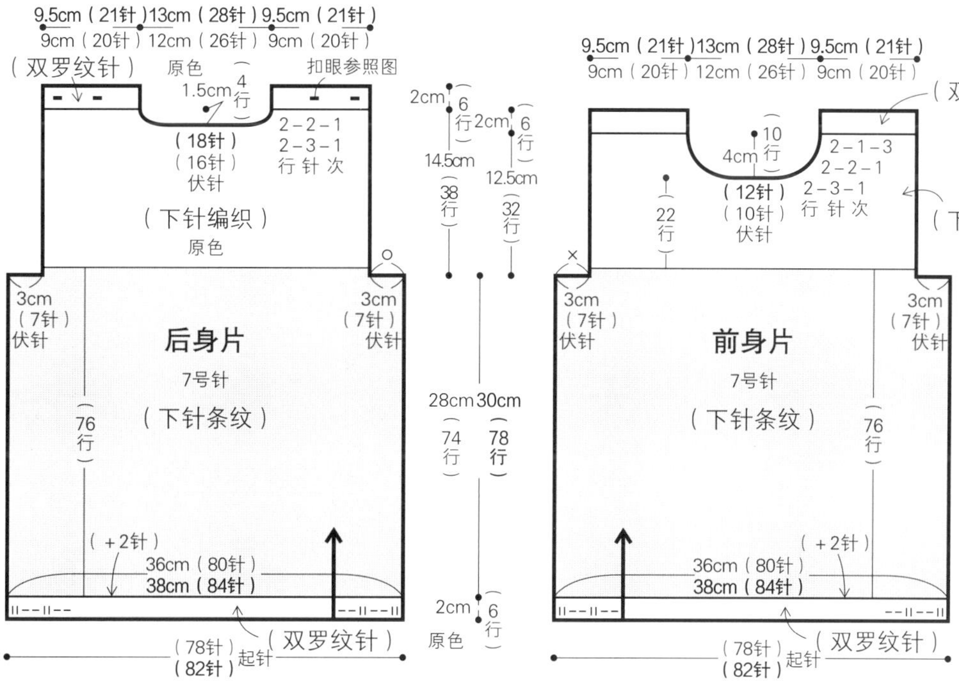

标注尺寸的细字＝100cm、通用
标注尺寸的**粗字**＝110cm

衣领 (双罗纹针) 7号针 原色

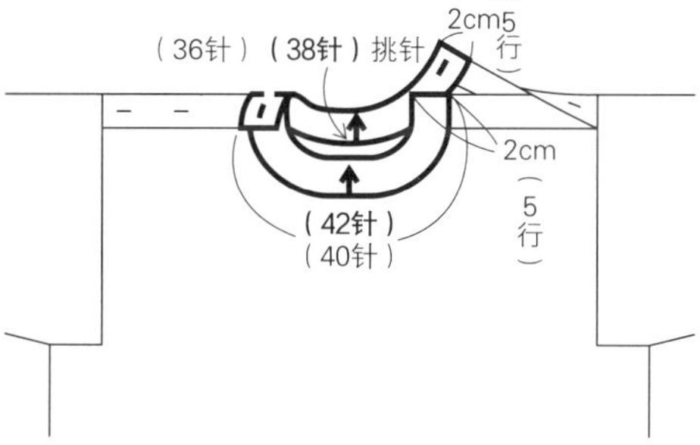

扣眼 (后领) 110cm

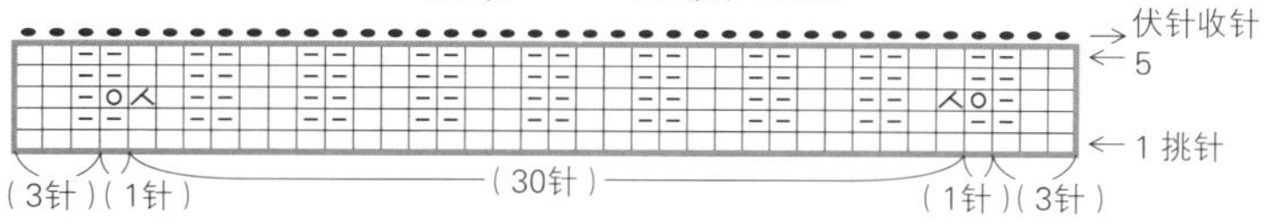

※编织双罗纹针的伏针收针时在上针上织上针，在下针上织下针

扣眼 (后领) 100cm

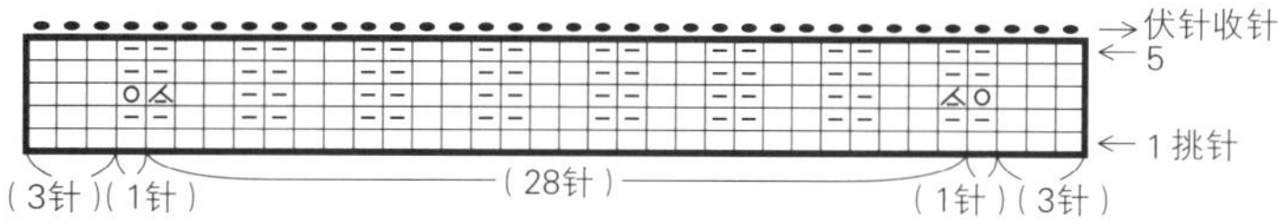

※前领的编织起点处和后领的一致

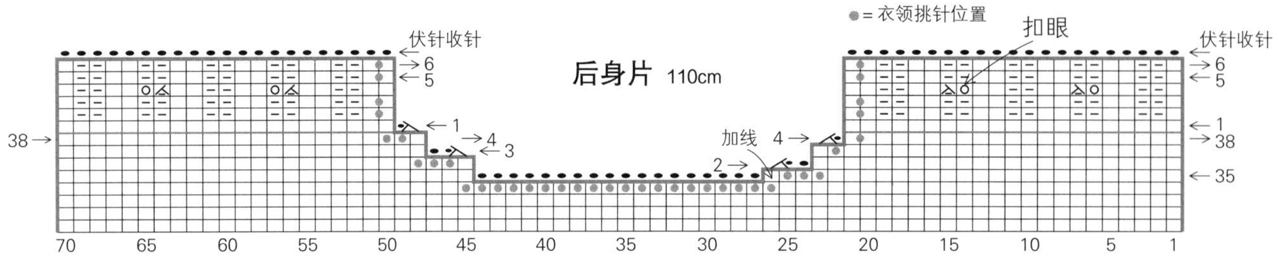

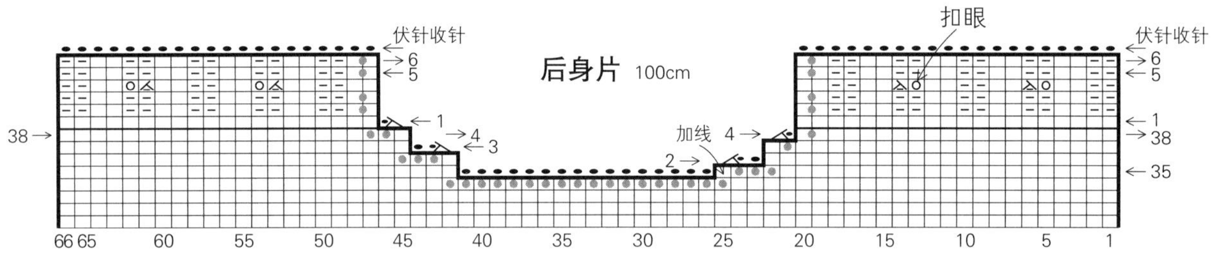

※编织双罗纹针的伏针收针时在上针上织上针，在下针上织下针

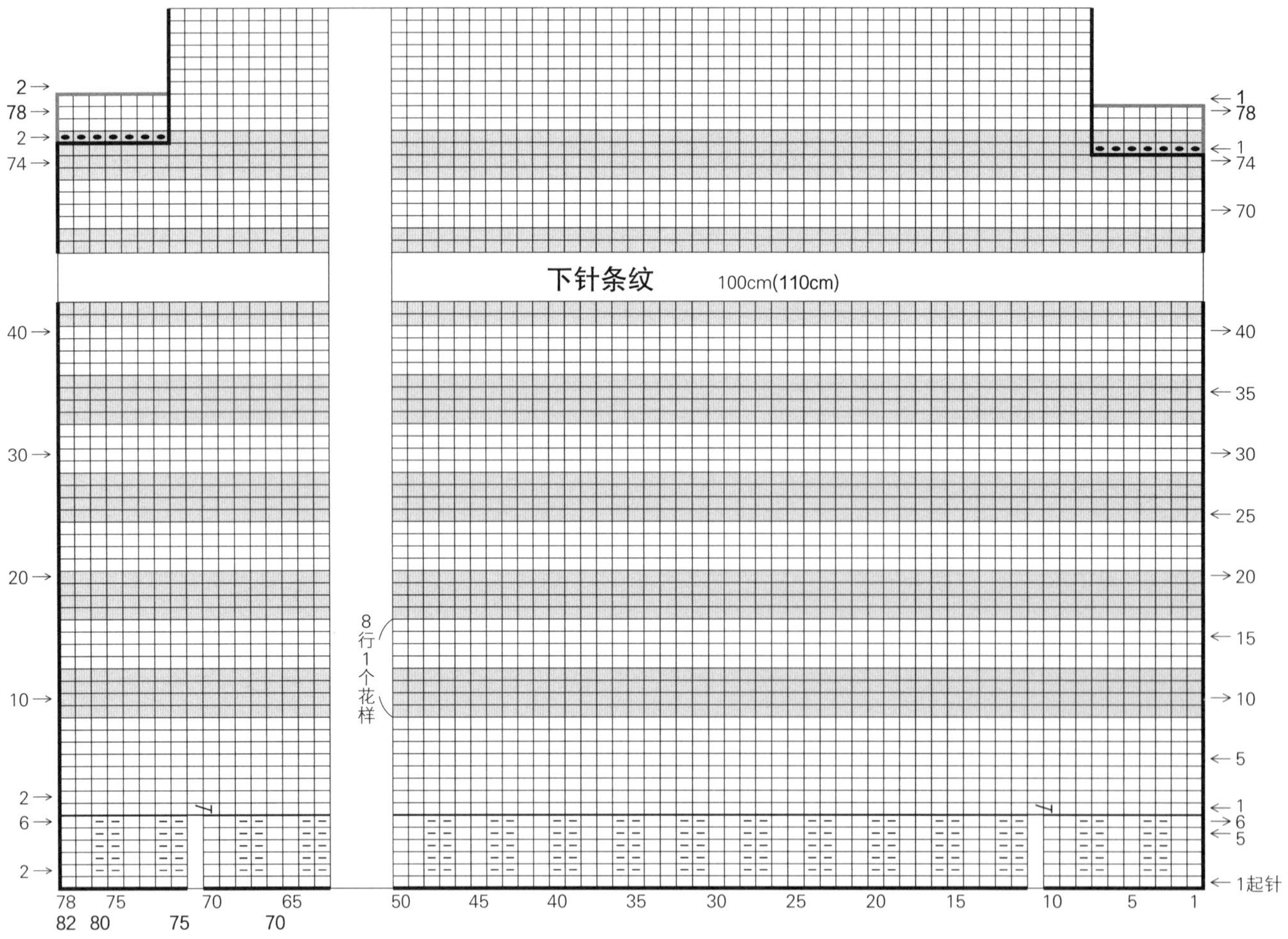

□＝原色　▒＝红色　□、▒＝□ 下针

※110cm　伏针收针符号（●）省略

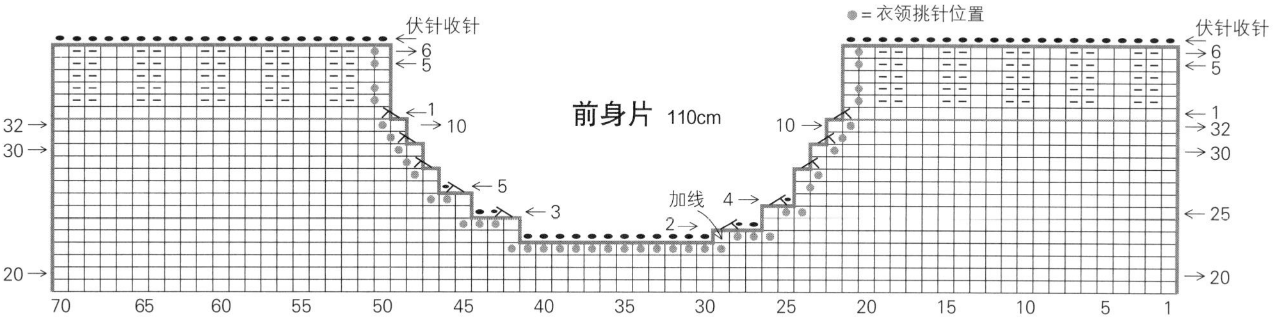

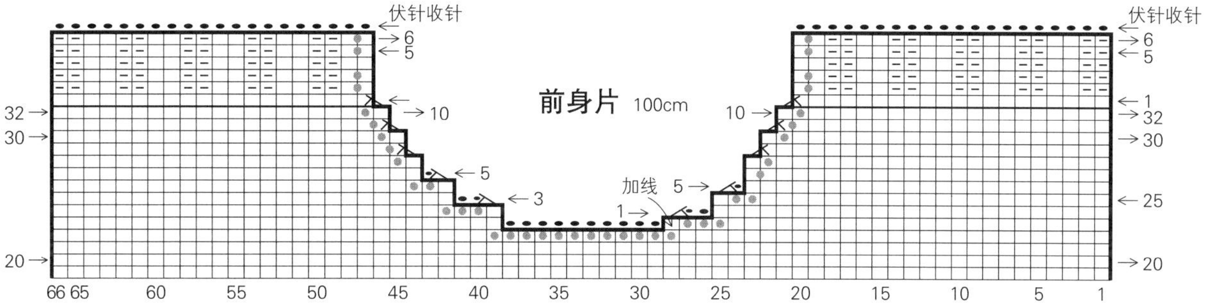

※编织双罗纹针的伏针收针时在上针上织上针，在下针上织下针

衣袖 100cm 110cm

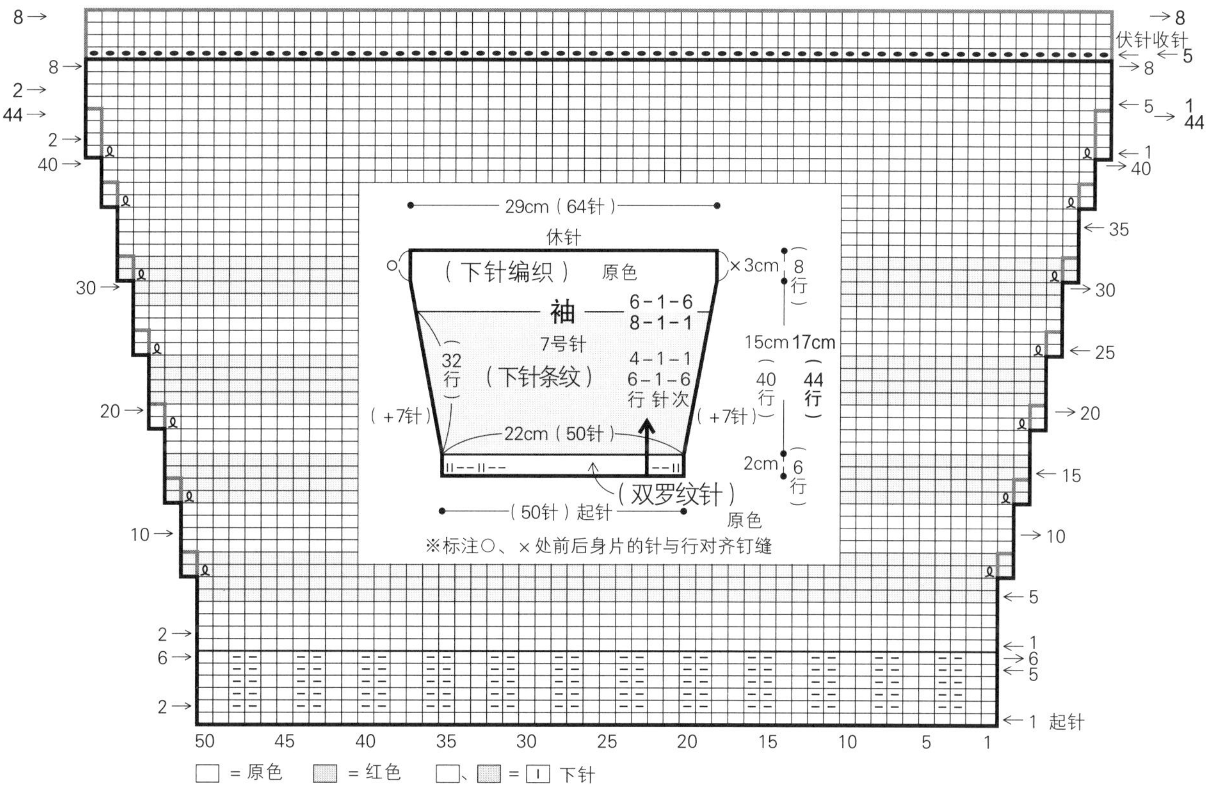

※110cm加针记号（ℓ）、伏针收针符号（•）省略

2
page3
90
(100)cm

●**材料**

线…和麻纳卡 瓦帕曲 丹妮斯 原色(2)90cm 90g、**100cm** 100g，各2团；深藏青色(20) 90cm 80g、**110cm** 90g，各2团

配件…直径15mm的纽扣6颗

针…棒针7号

●**成品尺寸**

90cm 胸围68cm，肩宽28cm，衣长35cm，袖长26cm

100cm 胸围72cm，肩宽30cm，衣长38cm，袖长28cm

●**密度**

10cm×10cm面积内：下针条纹22针，26行

●**编织要点**

后身片 从下摆开始手指挂线起针，编织6行双罗纹针，之后编织下针条纹。袖窿部分减针时左右交替做伏针减针。领窝部分从右侧开始挑针编织，织到中间部分加线收针，继续编织左侧。

前身片 和后身片以同样要领编织。

衣袖 袖下在1针内侧渡线编织扭加针，编织终点处编织伏针收针。

组合 衣袖部分要将前、后身片肩部的双罗纹针部分重叠，针与行对齐钉缝。胁和袖下对齐接缝。领窝挑针编织，缝上纽扣。

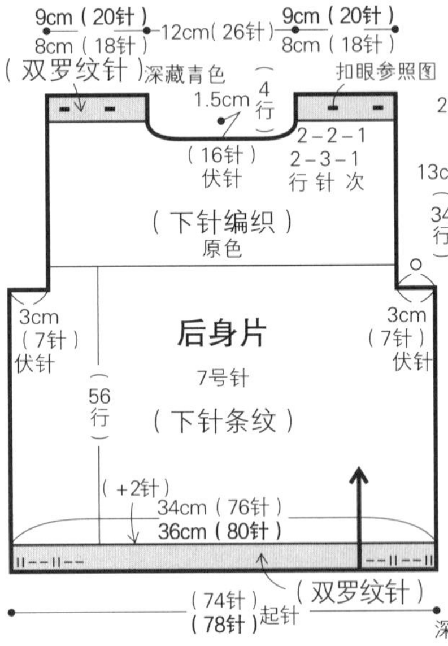

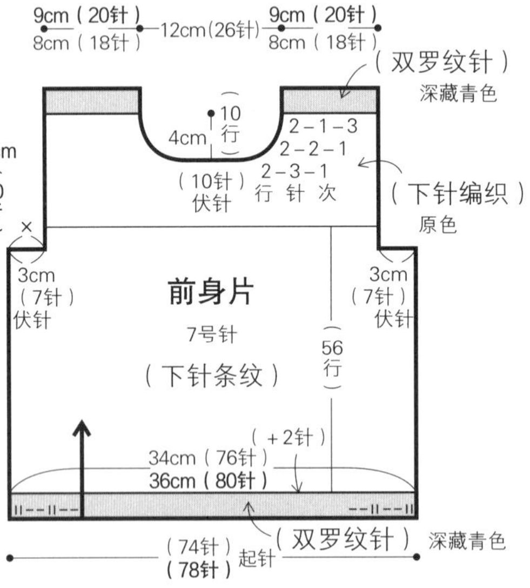

下针条纹

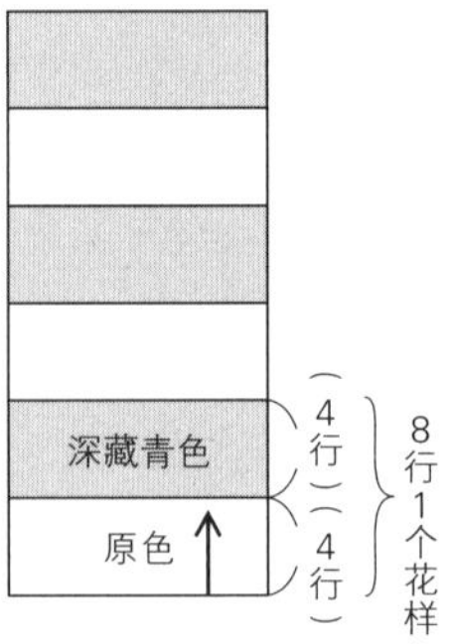

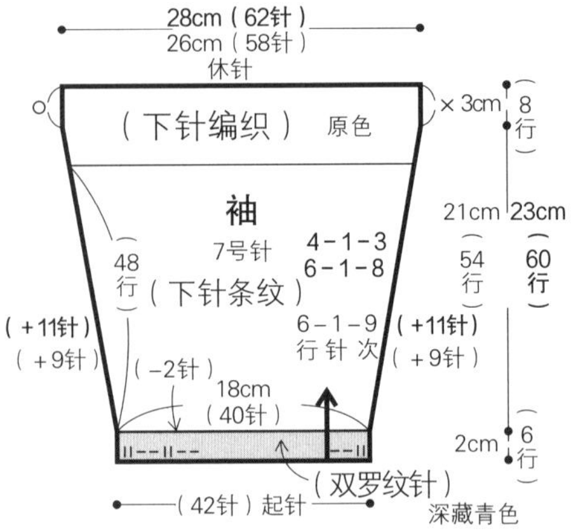

标注尺寸的细字 = 90cm、通用
标注尺寸的**粗字** = **100cm**

衣领 (双罗纹针) 7号针 深藏青色

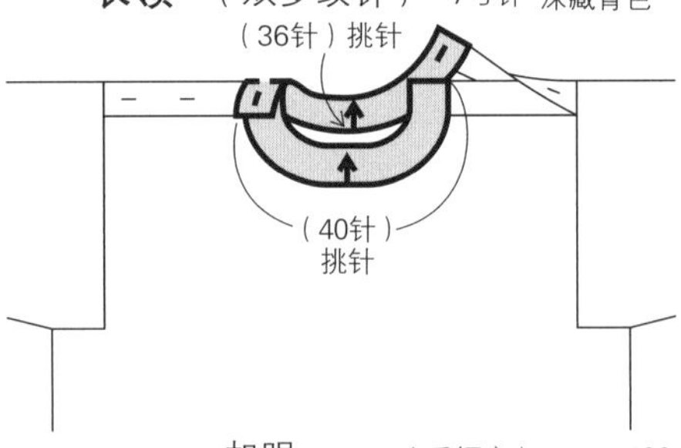

扣眼 (后领窝) 90cm **100cm**

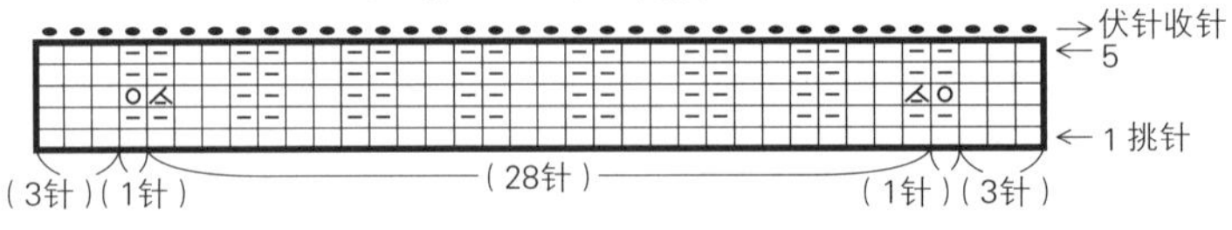

※编织双罗纹针的伏针收针时在上针上织上针，在下针上织下针
※前领窝的编织起点位置和后领窝一致

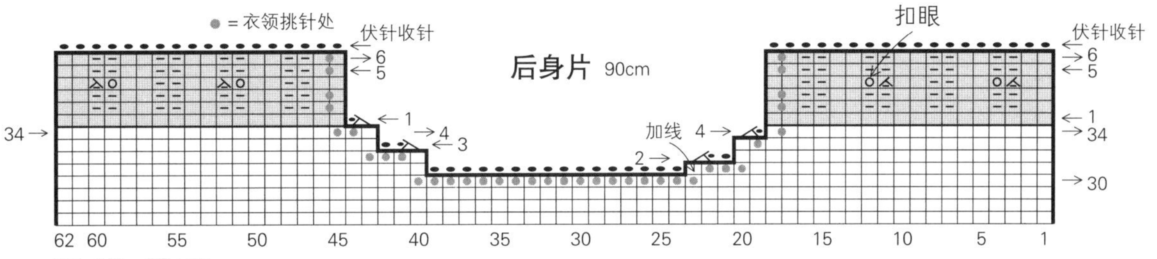

※编织双罗纹针的伏针收针时在上针上织上针，在下针上织下针

衣袖 90cm 100cm

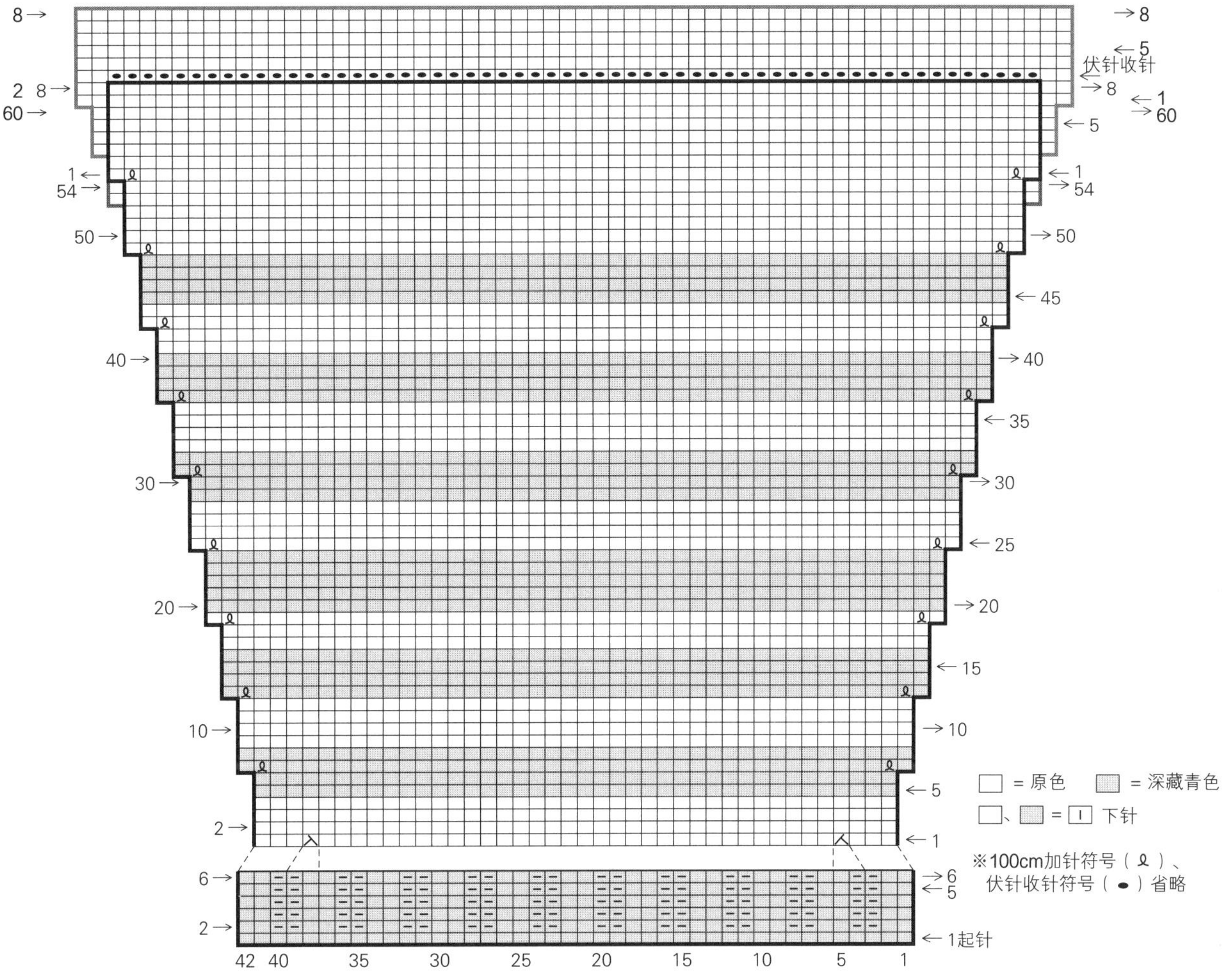

※100cm加针符号（ ）、伏针收针符号（ ● ）省略

●手指挂线起针

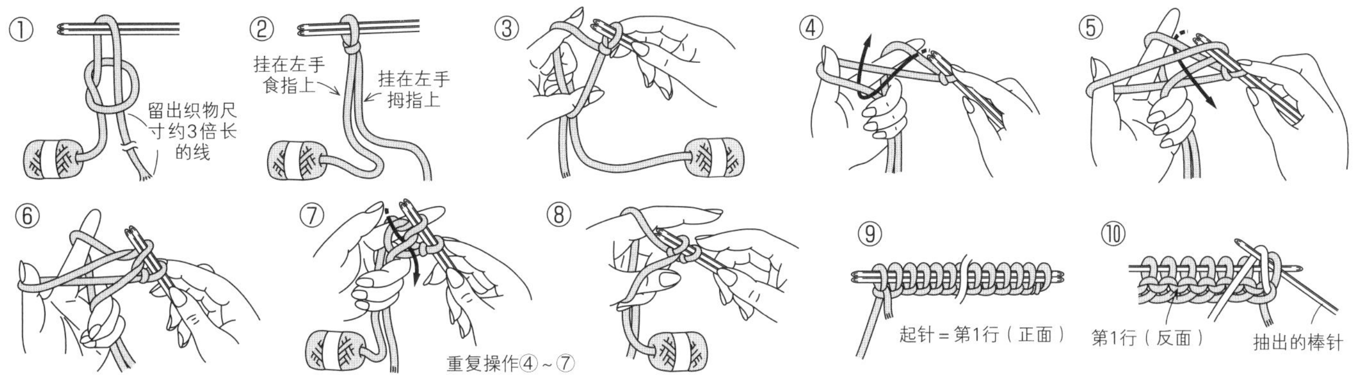

3
page4
90 (100)cm

●材料
线…和麻纳卡 雅赛贝他其 粗花呢 浅茶的混合色（207）90cm 100g，3团 100cm 120g，3团
配件…直径18mm的纽扣1颗
针…棒针6号

●成品尺寸
90cm 胸围64cm，衣长31cm，连肩袖长16cm
100cm 胸围68cm，衣长34cm，连肩袖长17cm

●密度
10cm×10cm面积内：下针编织17.5针，24行；麻花花样8针（3.5cm），24行（10cm）

●编织要点
后身片 从下摆开始手指挂线起针，等针直编麻花花样A、A'。袖口4针编织起伏针。肩部休针之后继续编织衣领，自第1行内侧渡线编织扭加针。
前身片 和后身片以同样要领开始起针编织，从前门襟处向左右分别编织，如图所示先编织右侧。左侧在前门襟处卷针起针，挑27针（29针）进行编织。
组合 肩部正面相对，对齐后盖针钉缝，胁挑针接缝，衣领两端针与行对齐钉缝。

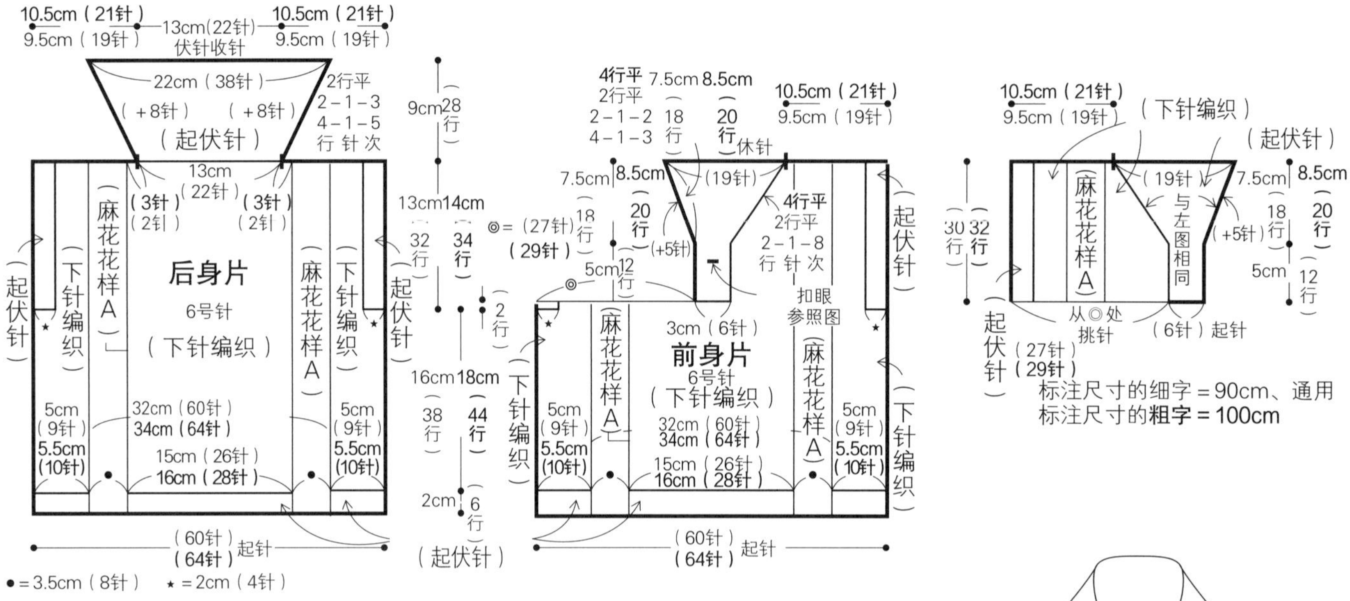

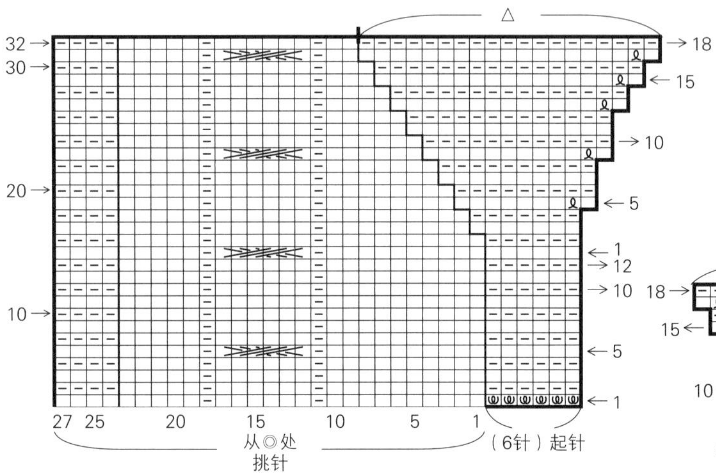

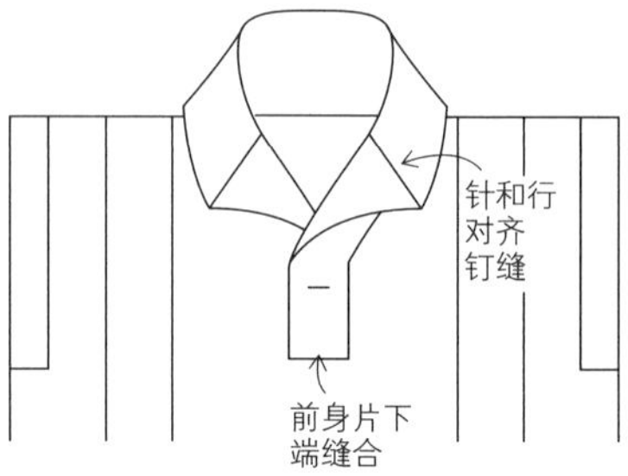

前身片 90cm

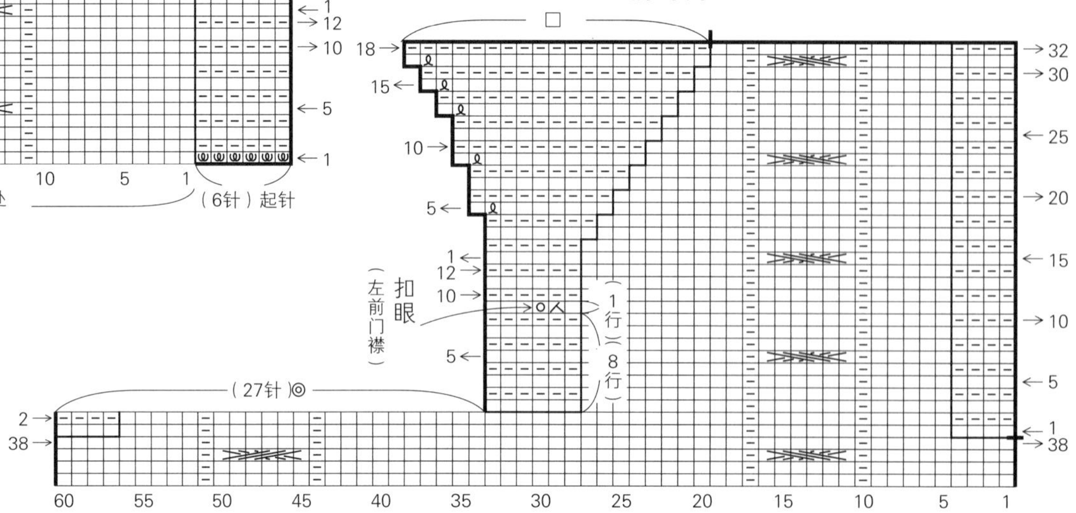

后身片 90cm

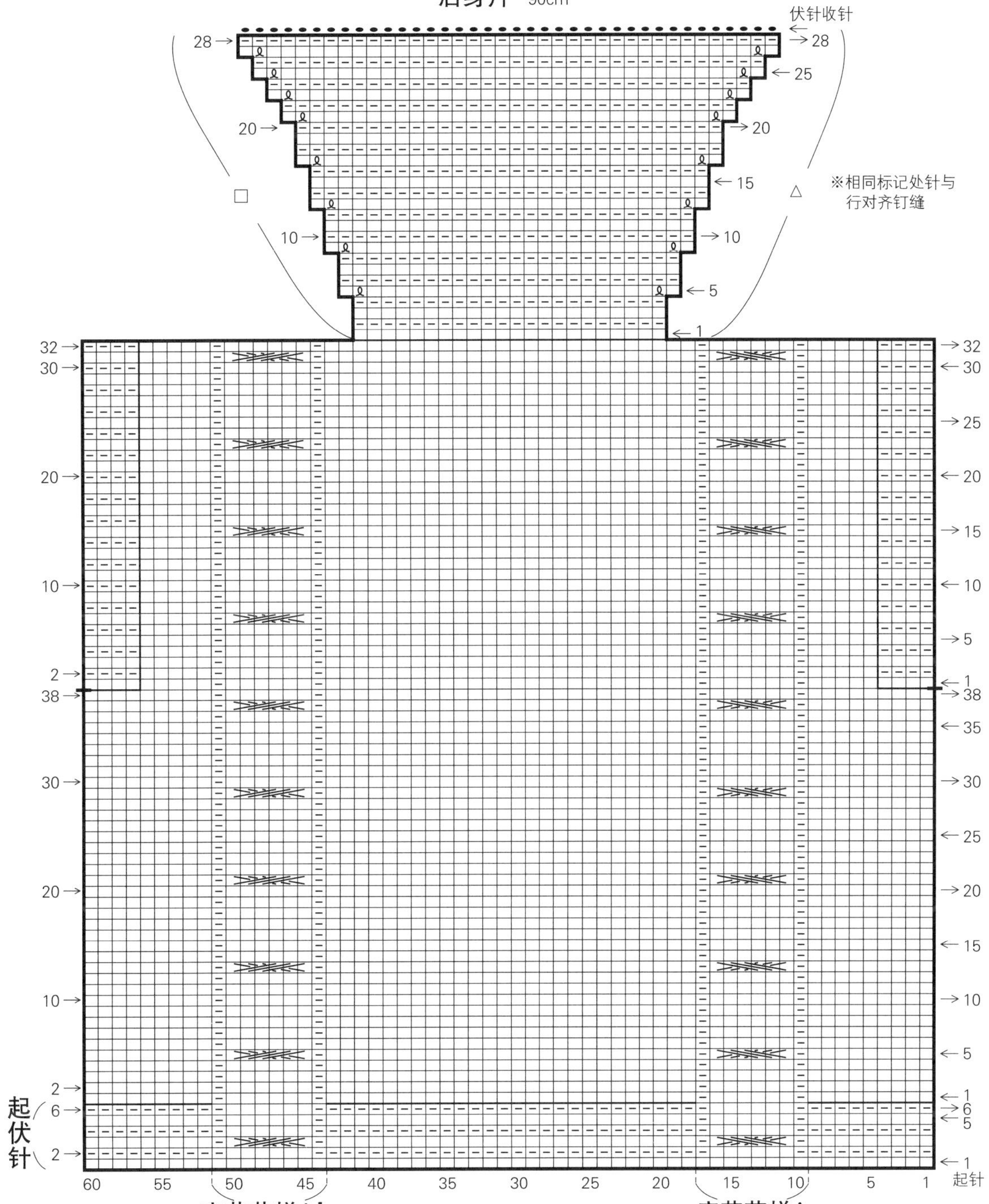

麻花花样A'
（8行1个花样）

麻花花样A
（8行1个花样）

● 右上3针交叉

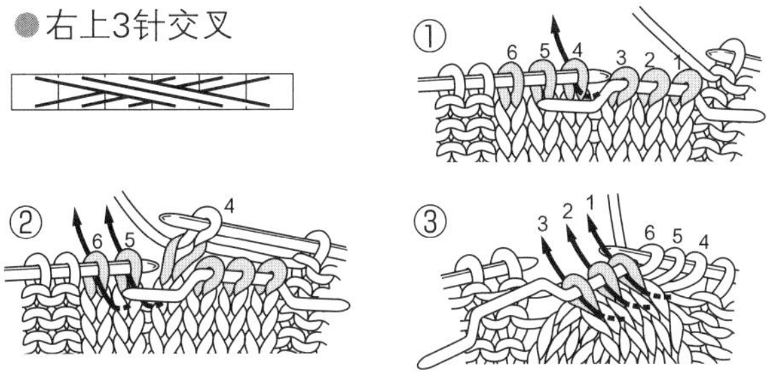

● 左上3针交叉

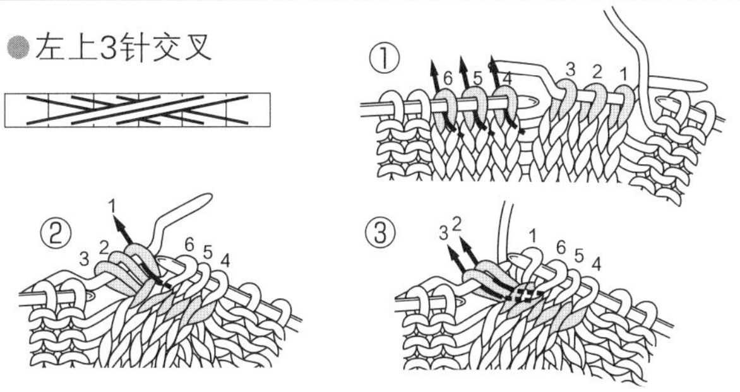

5
page6
100
(110)cm

●材料

线…和麻纳卡 斐尔拉迪50 紫色(63) 100cm 170g、**110cm** 190g，各5团

配件…20mm×16mm的心形纽扣2颗

针…棒针6号

●成品尺寸

100cm 胸围70cm，衣长34cm，连肩袖长34cm

110cm 胸围74cm，衣长37cm，连肩袖长36cm

●密度

10cm×10cm面积内：下针编织20针，28行

●编织要点

后身片 从下摆开始手指挂线起针，编织12行1针下针、2针上针的罗纹针，之后等针直编下针编织。袖在缝合结束处用线做好标记，继续编织1针下针、2针上针的罗纹针，编织伏针收针制作扣眼。

前身片 和后身片以同样要领编织。领窝部分右侧先编织8行，休线，然后编织左侧后缝合。用刚才的休线继续编织1针下针、2针上针的罗纹针。

衣袖 肩部编织罗纹针的部分重叠，从身片挑针开始编织，袖下减针编织。

组合 胁和袖下挑针接缝。纽扣缝在前身片上。

标注尺寸的细字＝100cm、通用
标注尺寸的**粗字**＝110cm

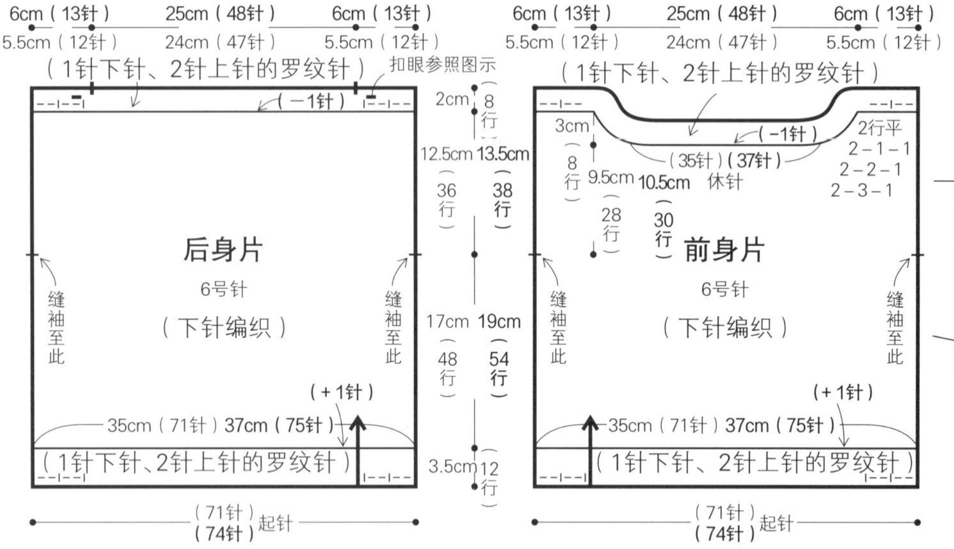

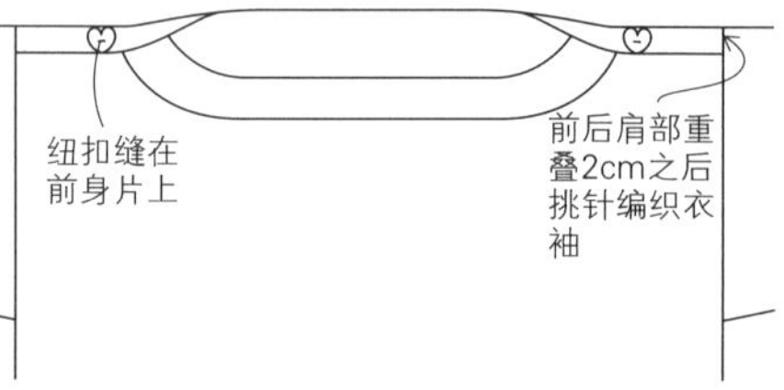

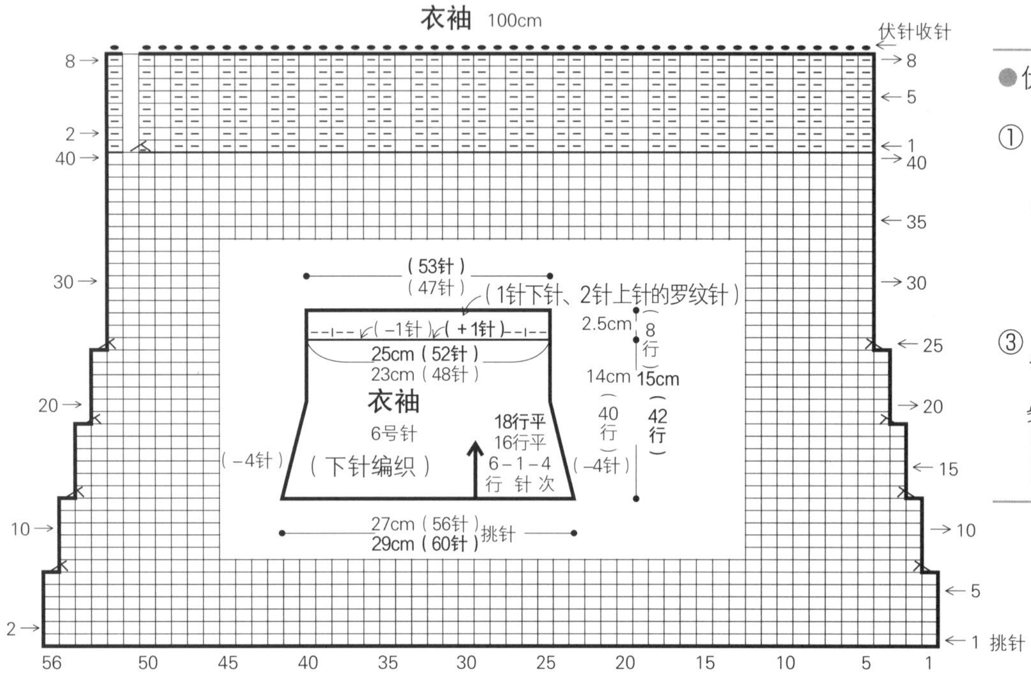

●伏针收针

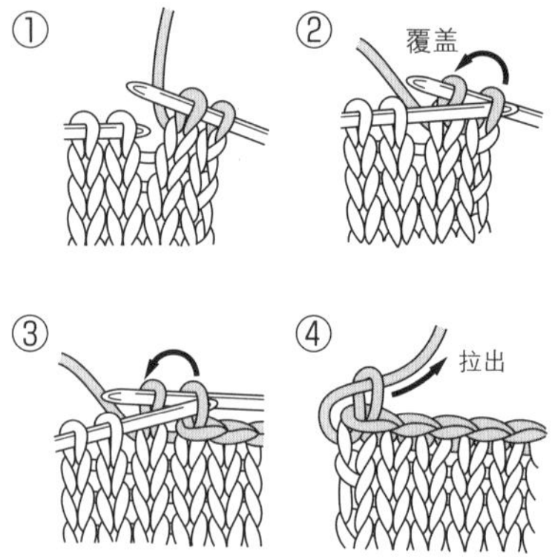

前身片 110cm

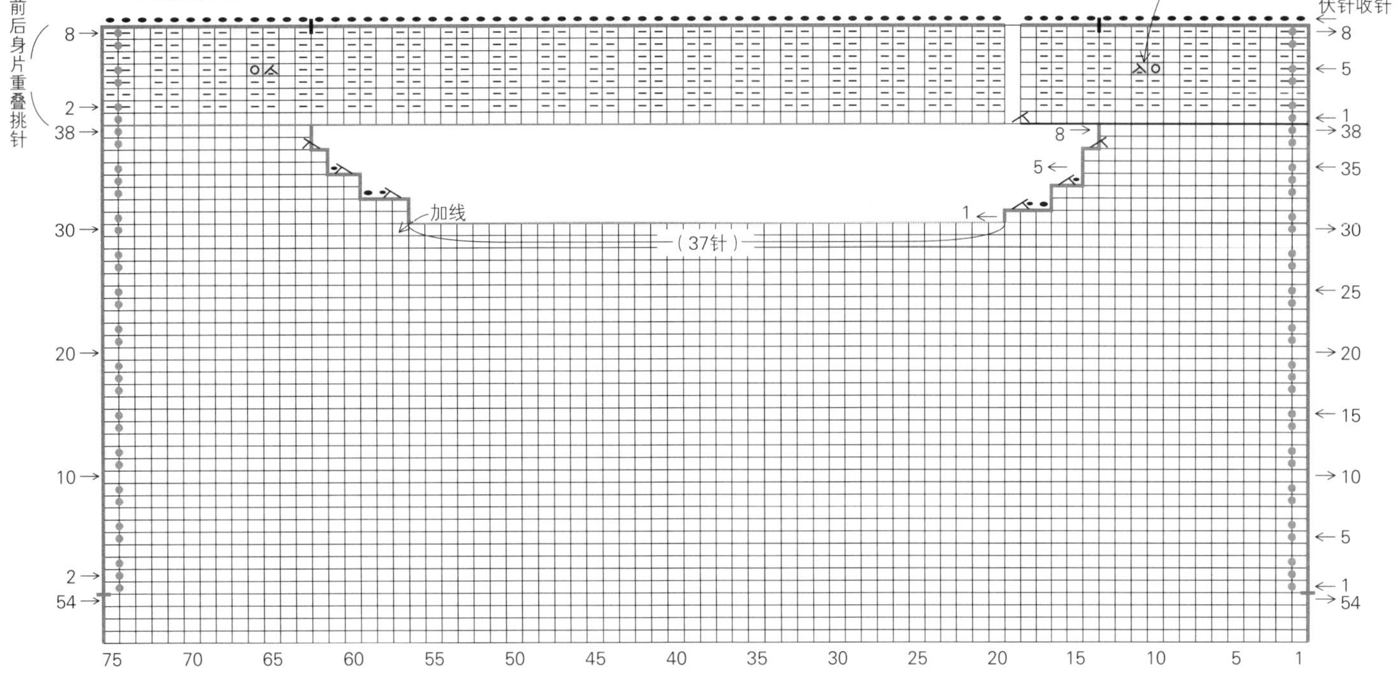

前身片 100cm

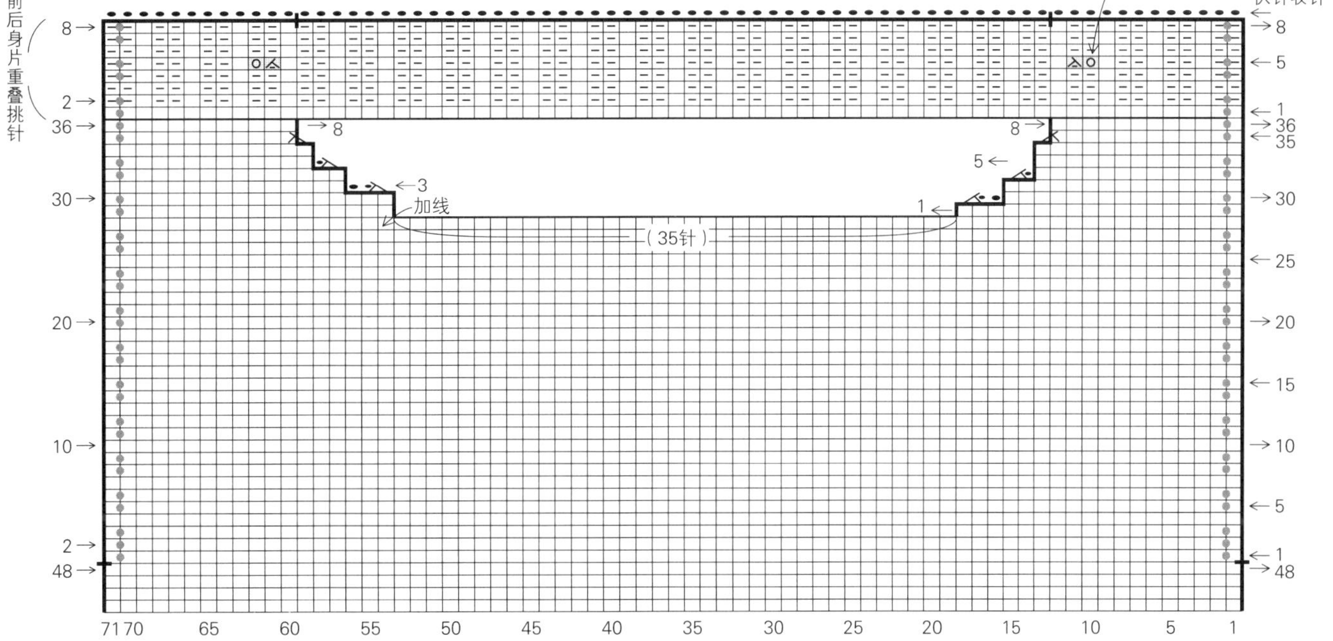

□ = | 下针

衣袖 110cm

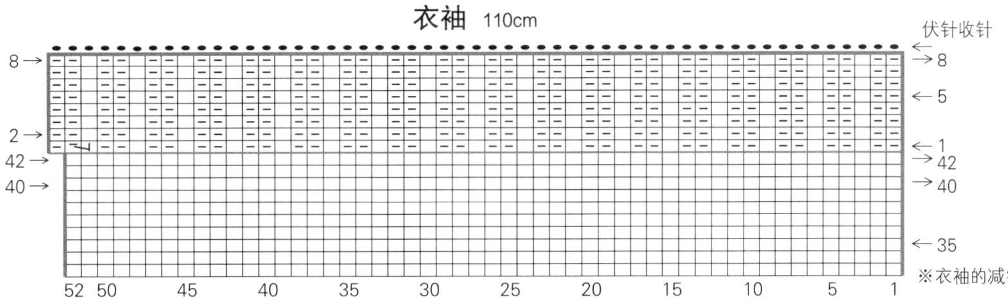

※衣袖的减针要领和100cm的一样

4

page5

100 (110)cm

●材料

线…和麻纳卡 雅赛贝他其 粗花呢 原色的混合色(201)100cm 140g、110cm 150g，各4团

配件…直径17mm的纽扣2颗

针…棒针6号、4号

●成品尺寸

100cm 胸围68cm，肩宽22cm，衣长45cm

110cm 胸围68cm，肩宽22cm，衣长47.5cm

●密度

10cm×10cm面积内：下针编织17针，24行；单罗纹针20针，25行

●编织要点

后身片 从下摆开始手指挂线起针。育克改用单罗纹针继续编织。袖窿从两端第4针和第5针处每行编织2针并1针减针。衣领先编织右侧，至肩部休针。中央加线编织伏针收针，继续编织衣领左侧。

前身片 和后身片以同样要领编织。从前身片开口处，先编织前身片左侧。右侧的30针挑针编织，前门襟的9针编织卷针。

组合 肩部正面相对，对齐后盖针钉缝，胁挑针接缝，衣领挑针编织伏针收针。

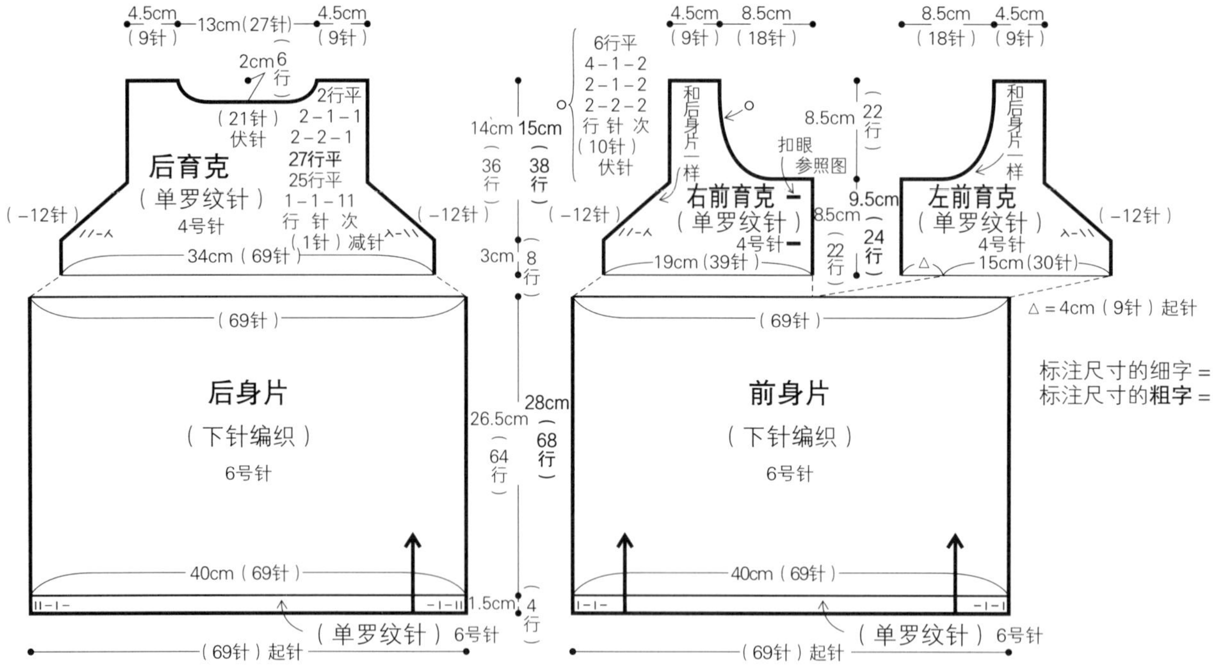

标注尺寸的细字＝100cm、通用

标注尺寸的**粗字**＝110cm

接P.45作品6

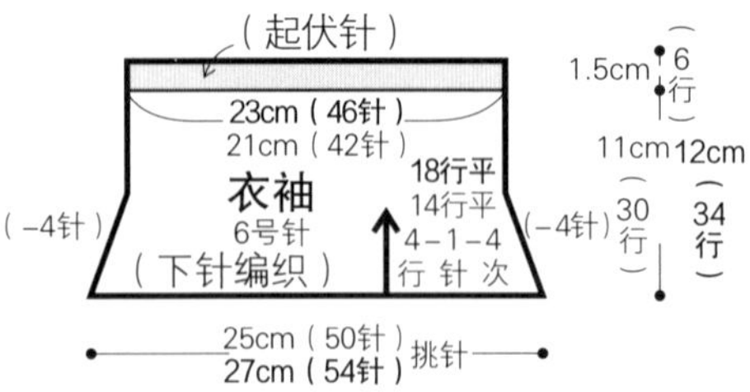

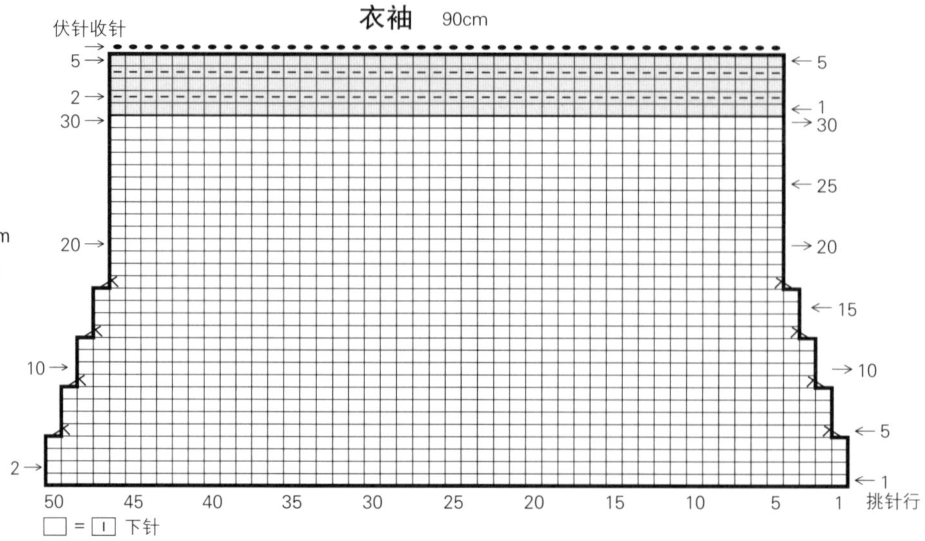

后身片

100cm、110cm

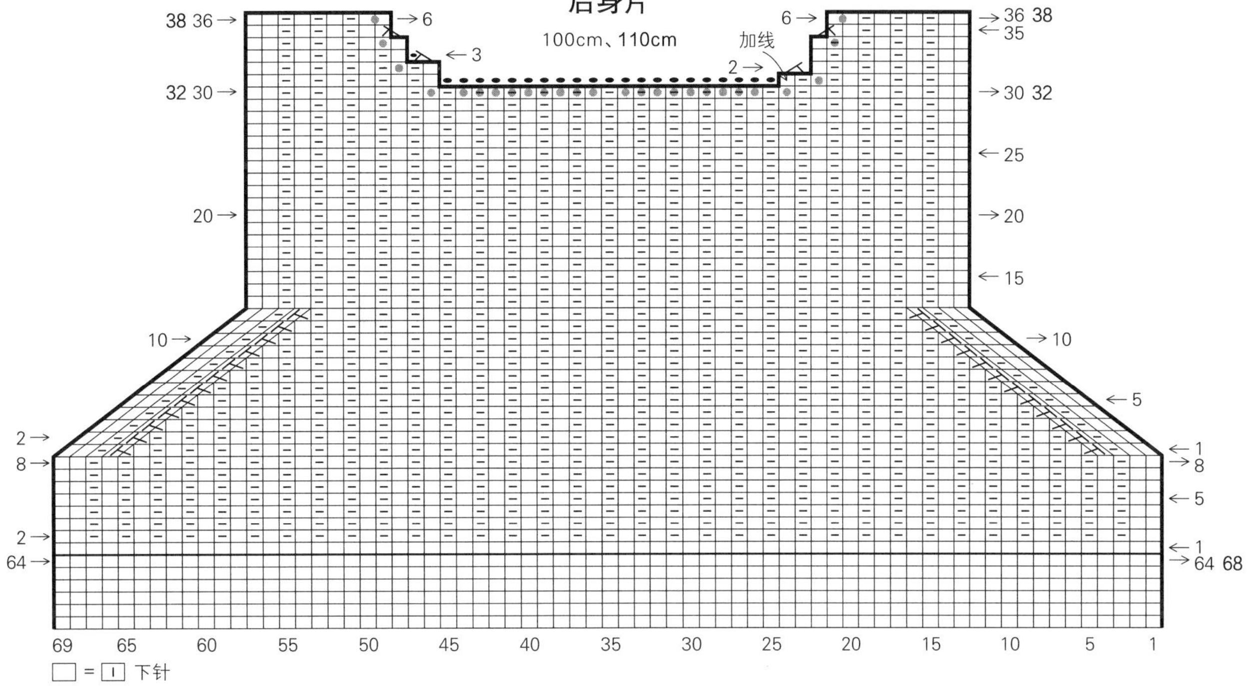

衣领（下针编织） 6号针

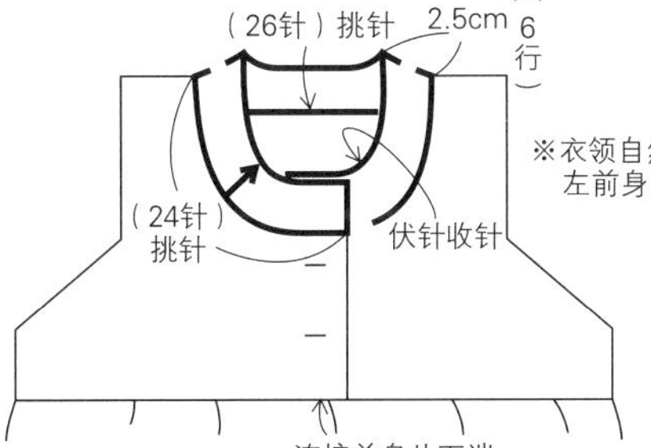

※衣领自然外卷，
左前身片上缝好纽扣

左前育克

100cm、110cm

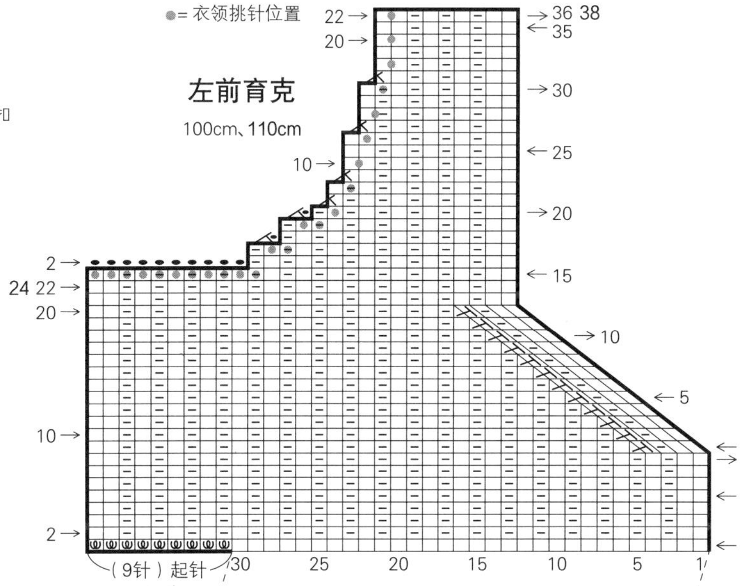

右前育克

100cm、110cm

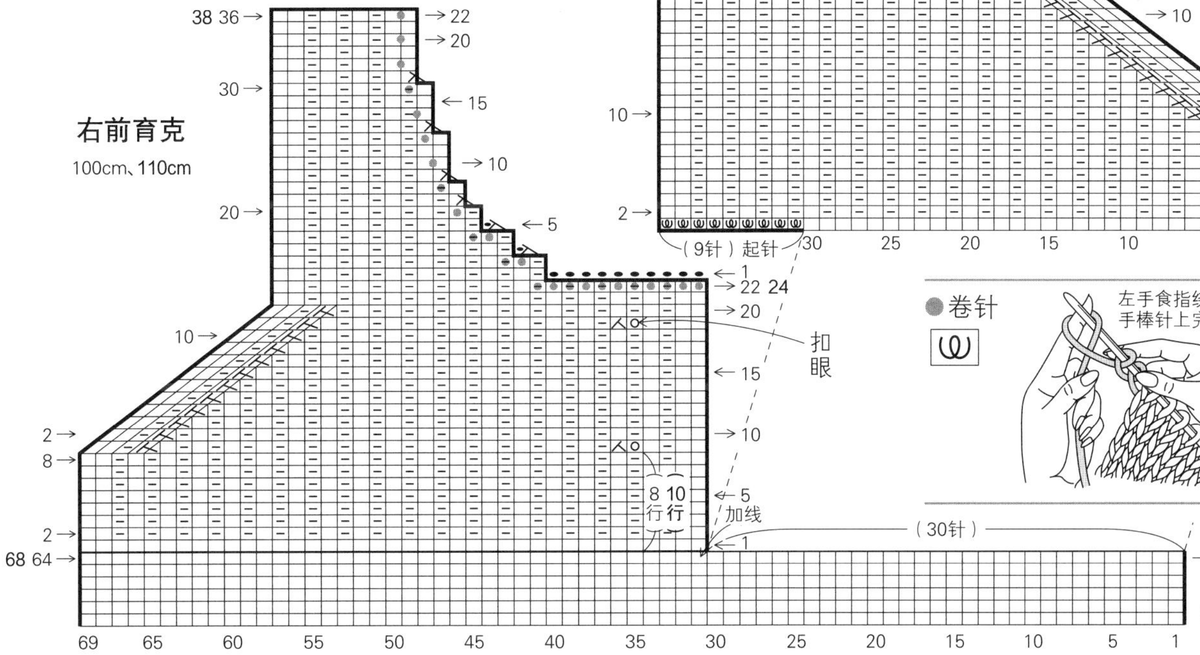

●卷针

左手食指绕一个线圈套在右手棒针上完成1针起针

6
page7
90
(100)cm

●材料

线…和麻纳卡 有机羊毛斐特 浅茶色(96) 90cm 150g、100cm 160g，各4团

配件…直径15mm的纽扣4颗

针…棒针6号

●成品尺寸

90cm 胸围68cm，衣长30cm，连肩袖长29.5cm

100cm 胸围72cm，衣长32cm，连肩袖长31.5cm

●密度

10cm×10cm面积内：下针编织20针，28行

●编织要点

后身片 从下摆开始手指挂线起针，编织8行起伏针。之后，做下针编织，如图所示中间加入4行起伏针，至袖缝合结束处用线做好标记。肩、领开口处休针。

前身片 前门襟和身片一起编织，左前门襟要制作扣眼。

衣袖 肩部正面相对，对齐后盖针钉缝，从身片用线做好标记的地方挑针开始编织。袖下立起一端1针减针编织，编织终点处编织伏针收针。

组合 胁和袖下挑针接缝。衣领是从前后身片挑针编织10行下针编织，编织伏针收针，在右前门襟缝上纽扣。

后身片 90cm 100cm

●= 衣袖、衣领挑针位置

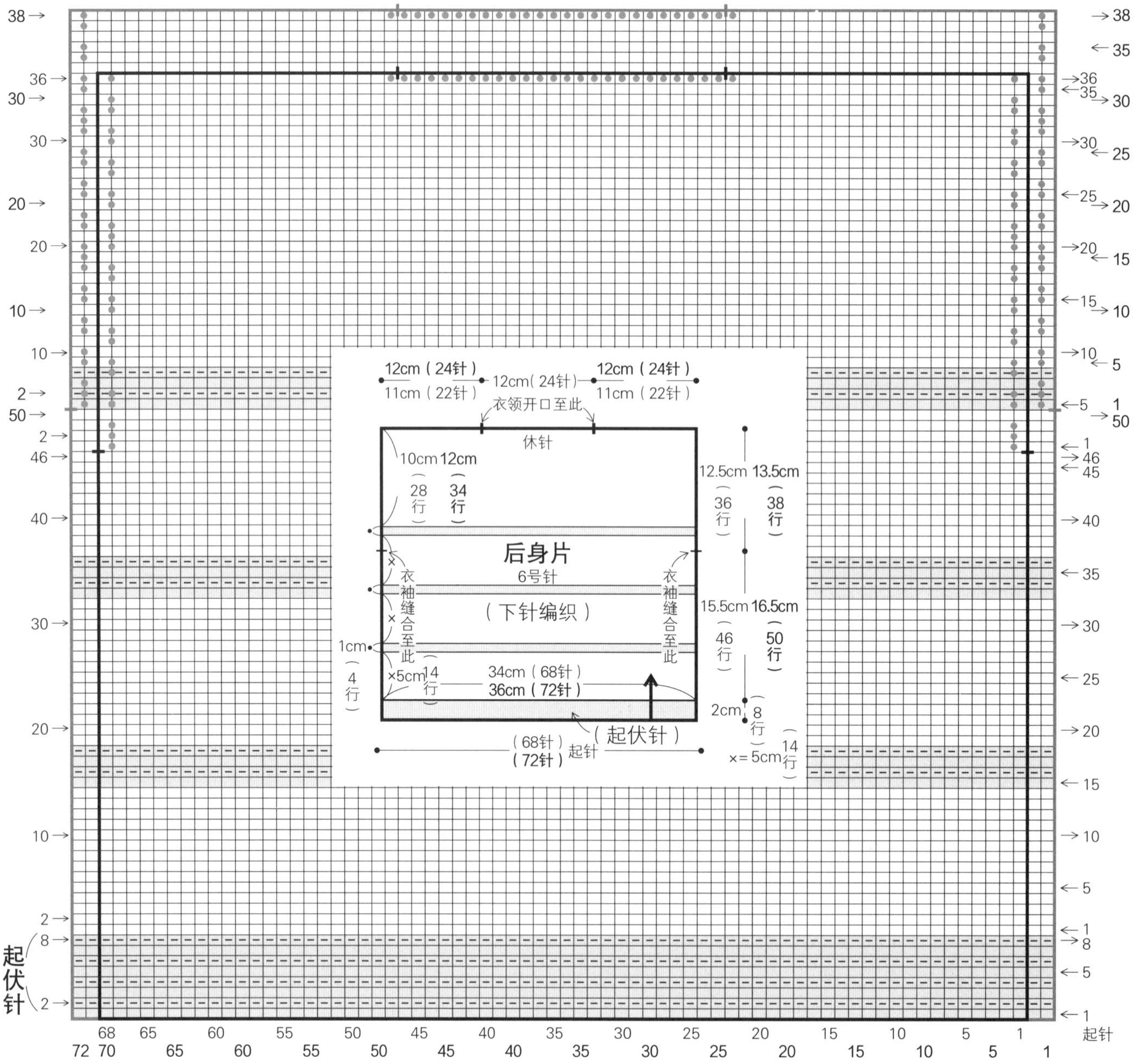

□ = [I] 下针

衣领（下针编织）6号针

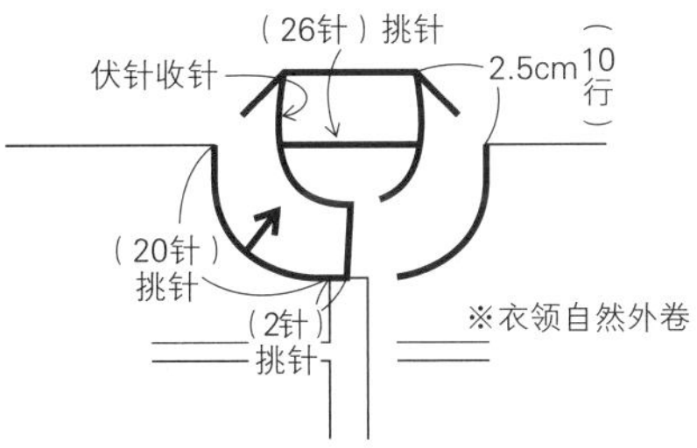

标注尺寸的细字＝90cm、通用
标注尺寸的**粗字**＝100cm

● 盖针钉缝

两块织片连接的时候
注意正面相对

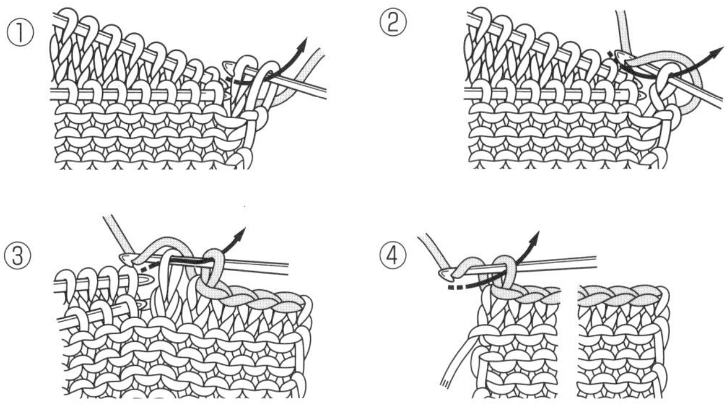

●＝衣袖、衣领挑针位置

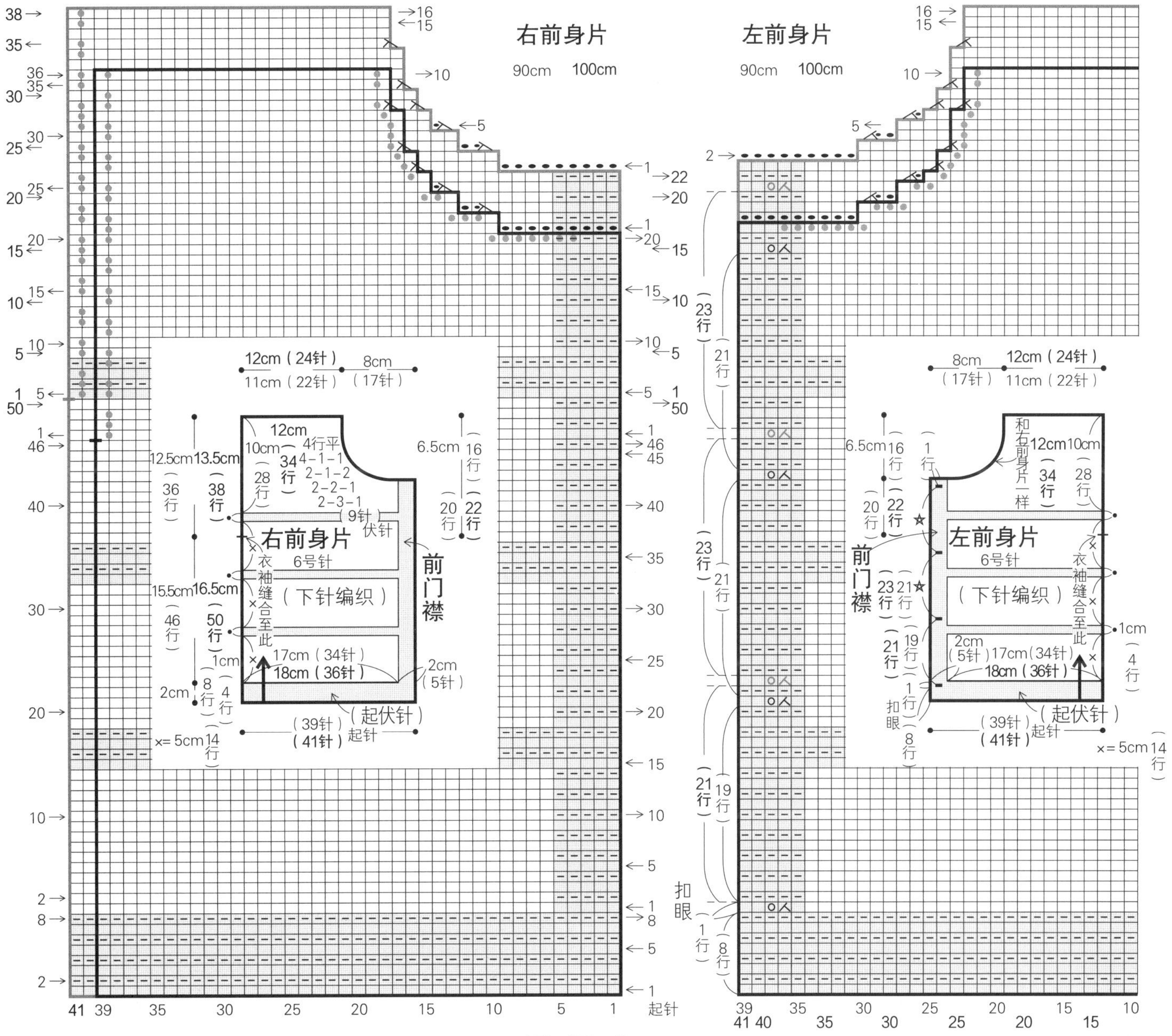

☆衣袖编织图见P.42

□＝□ 下针

7、8

page8、9

90 (110)cm

●材料

线…和麻纳卡 有机羊毛斐特 90cm 蓝色(12) 170g、**110cm** 玫瑰色(8) 200g，各5团；领窝 原色(1) 30g，1团

配件…直径18mm的纽扣4颗

针…棒针5号，钩针5/0号

●成品尺寸

90cm 胸围68cm，肩宽28cm，衣长34.5cm，袖长24.5cm

110cm 胸围72cm，肩宽30cm，衣长36.5cm，袖长31.5cm

装饰领 领围32cm，领宽8cm

●密度

10cm×10cm面积内：编织花样23针，32行

●编织要点

后身片 从下摆开始手指挂线起针。袖窿处左右交替做伏针减针，至肩部休针。

前身片 编织左右对称的两片。

衣袖 袖下从1针内侧渡线编织扭加针，编织终点处编织伏针收针。

组合 肩部正面相对，对齐后盖针钉缝，袖和前、后身片针与行对齐钉缝。衣领、前门襟挑针接缝，从内侧编织伏针收针，缝上纽扣。

衣领、前门襟（3针下针、2针上针的罗纹针） 5号针

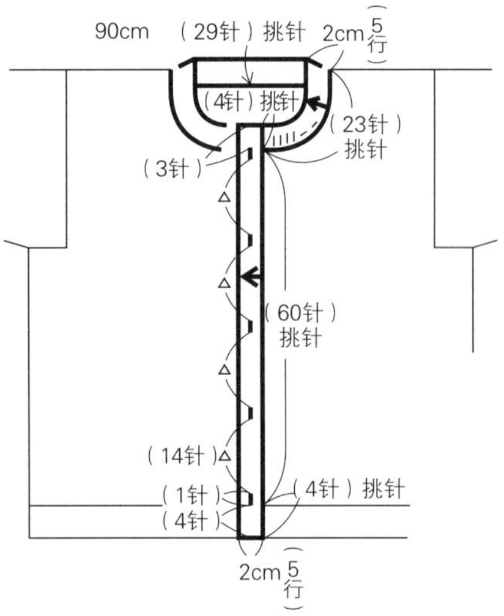

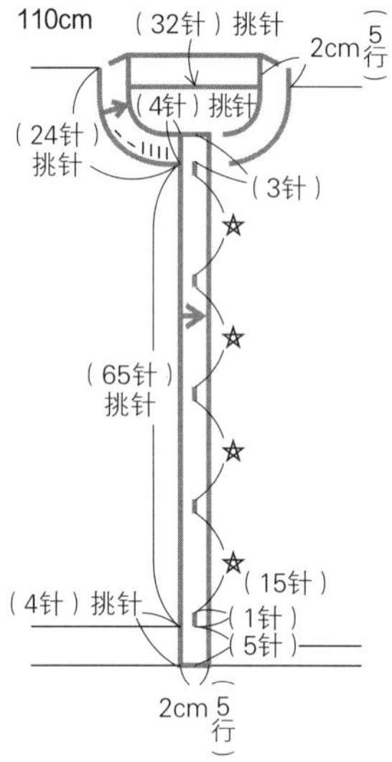

标注尺寸的细字＝90cm、通用
标注尺寸的**粗字**＝110cm

●右上1针交叉

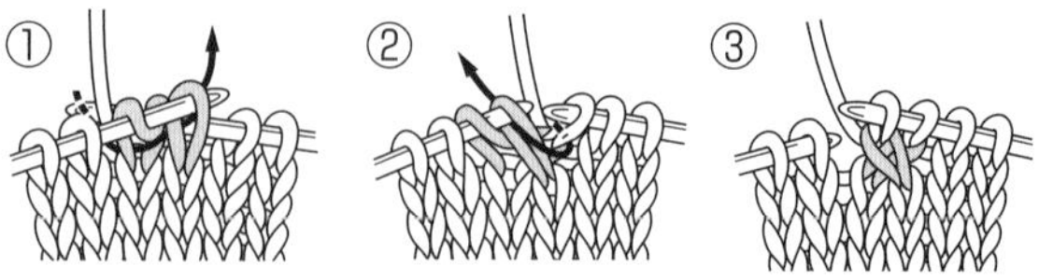

●左上1针交叉

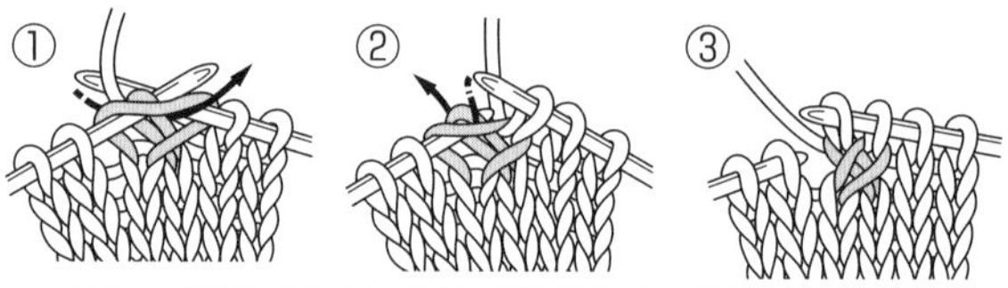

扣眼 （左前门襟） 90cm

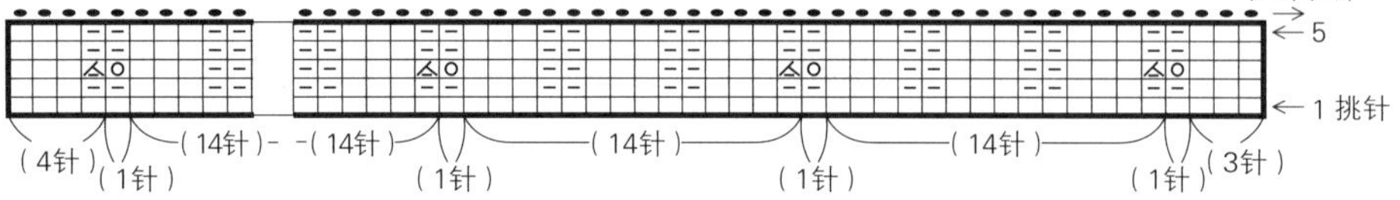

扣眼 （右前门襟） 110cm

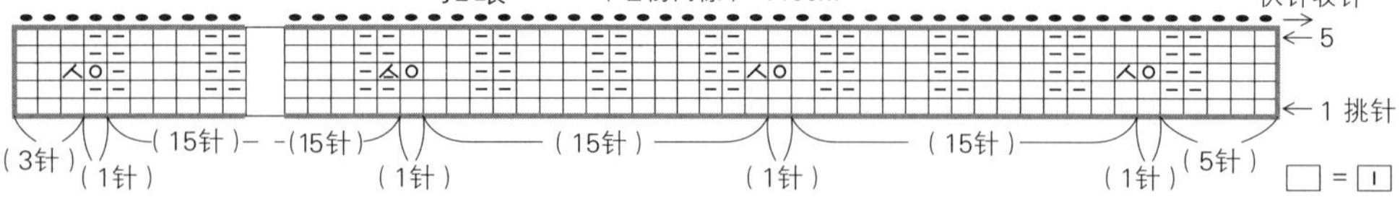

□＝□ 下针

●针和行对齐钉缝

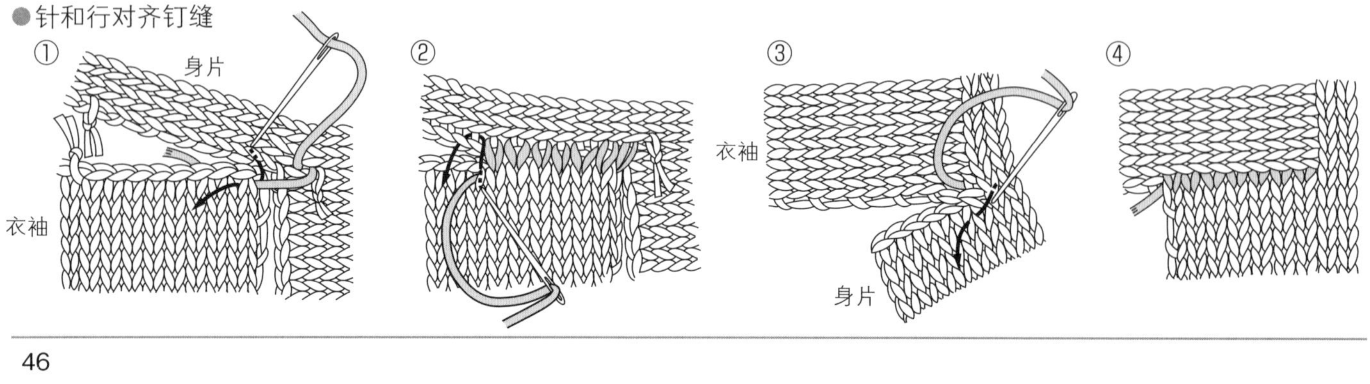

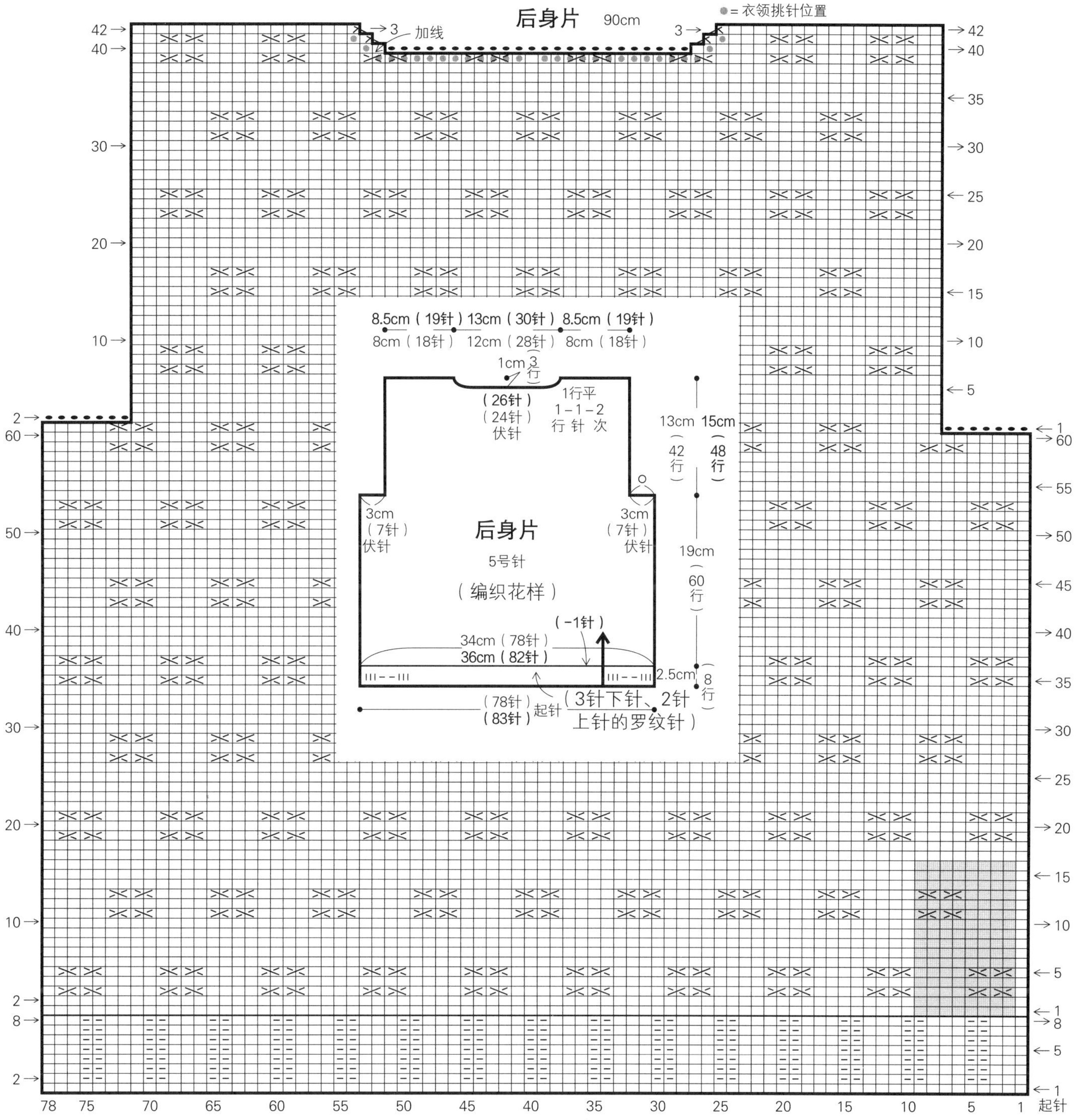

□ = | 下针

编织花样

▒ = 8针、16行1个花样

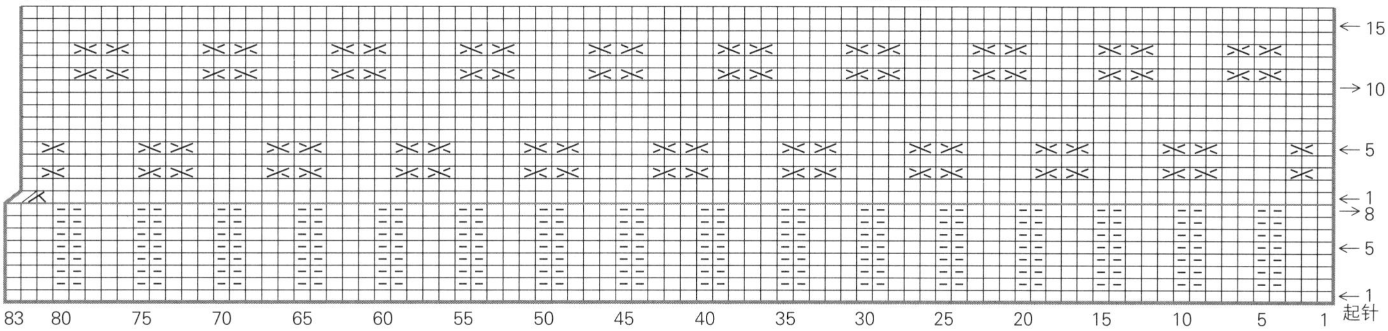

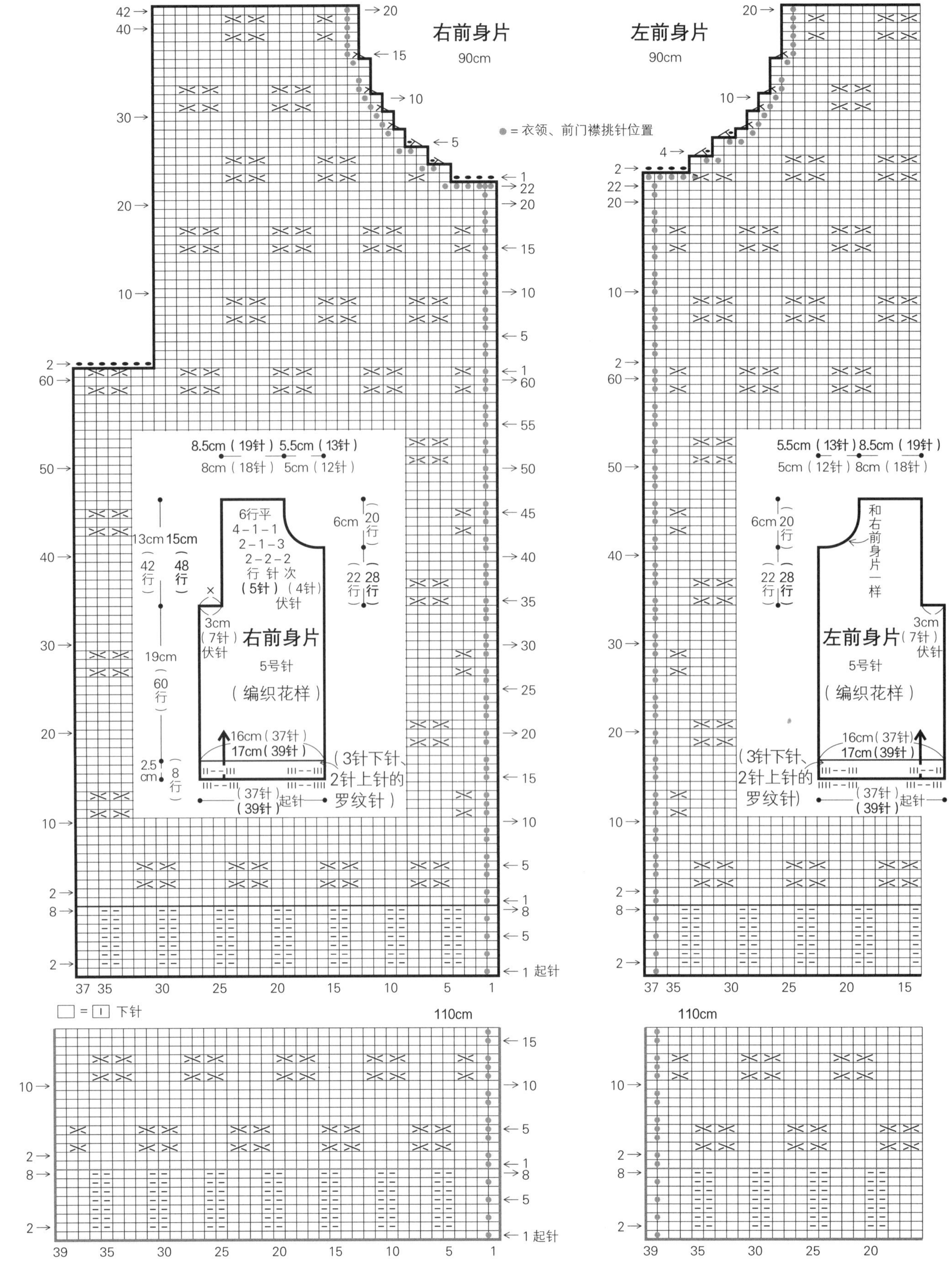

右前身片
90cm
左前身片
90cm
● = 衣领、前门襟挑针位置
8.5cm（19针）5.5cm（13针）
8cm（18针）5cm（12针）
6行平
4－1－1
2－1－3
2－2－2
行 针 次
（5针）（4针）
伏针
3cm（7针）伏针
右前身片
5号针
（编织花样）
13cm（42行）
15cm（48行）
19cm（60行）
2.5cm（8行）
6cm（20行）
22行
28行
16cm（37针）
17cm（39针）
（37针）
（39针）
起针
（3针下针、2针上针的罗纹针）
5.5cm（13针）8.5cm（19针）
5cm（12针）8cm（18针）
和右前身片一样
左前身片
5号针
（编织花样）
□ = Ⅰ 下针
110cm
110cm
1 起针

衣袖 90cm

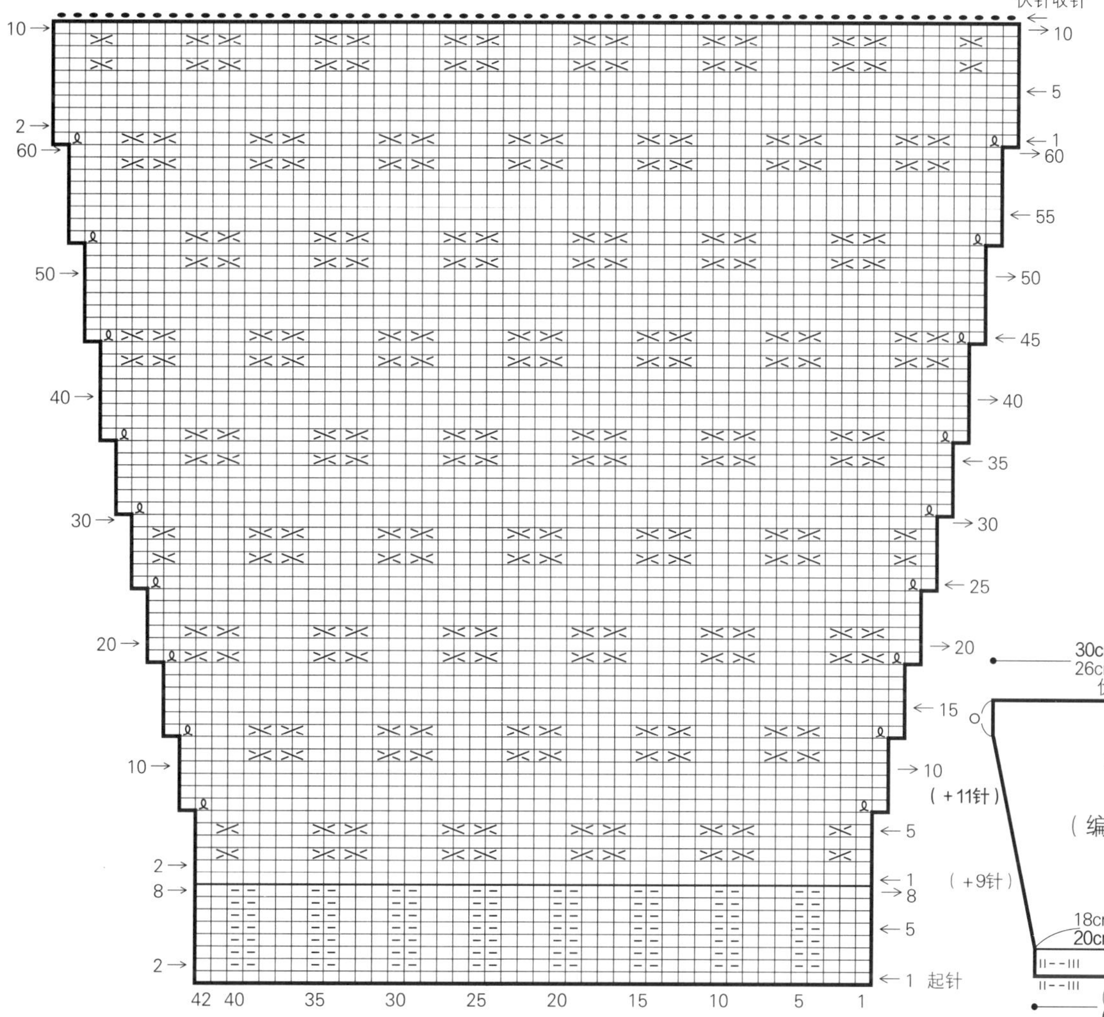

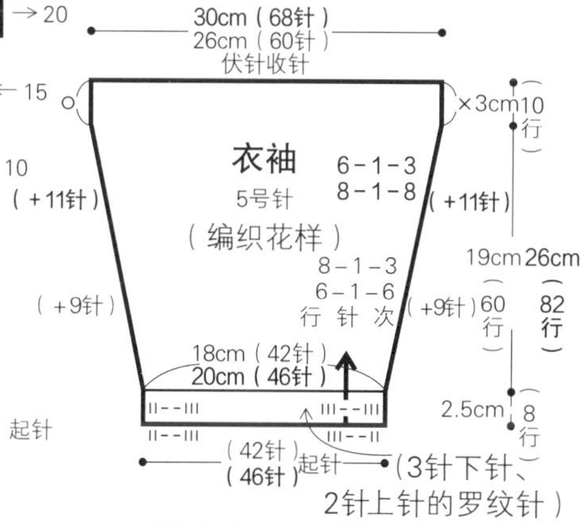

□ = | 下针

衣袖 110cm

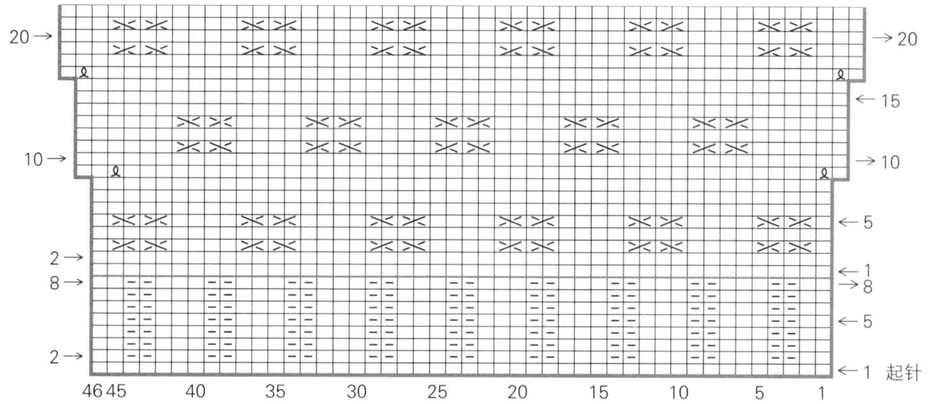

※○、×处要与前后身片的针和行对齐钉缝

标注尺寸的细字＝90cm、通用
标注尺寸的**粗字**＝110cm

● 下针

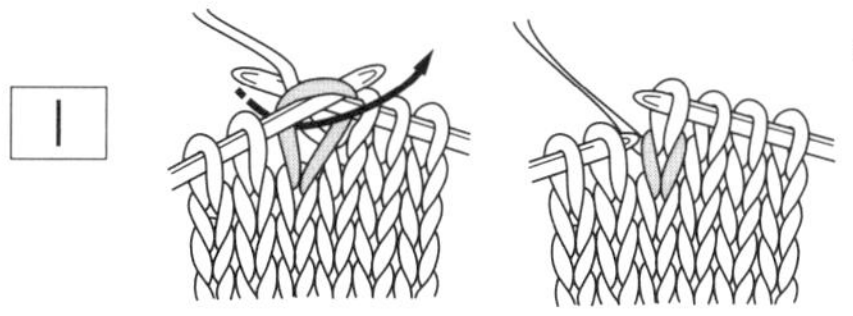

● 上针

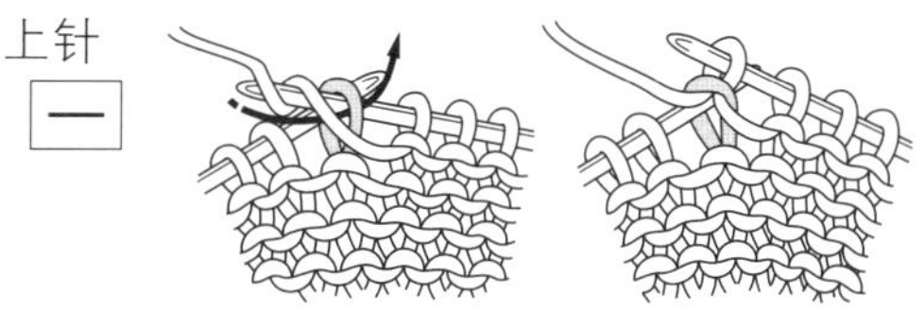

衣领（编织花样）原色
5/0号针

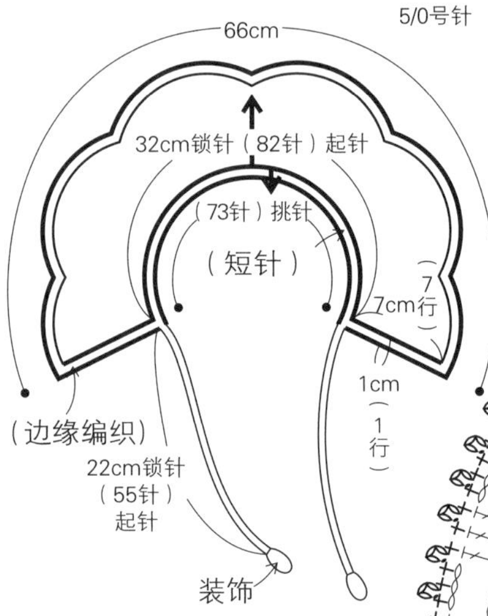

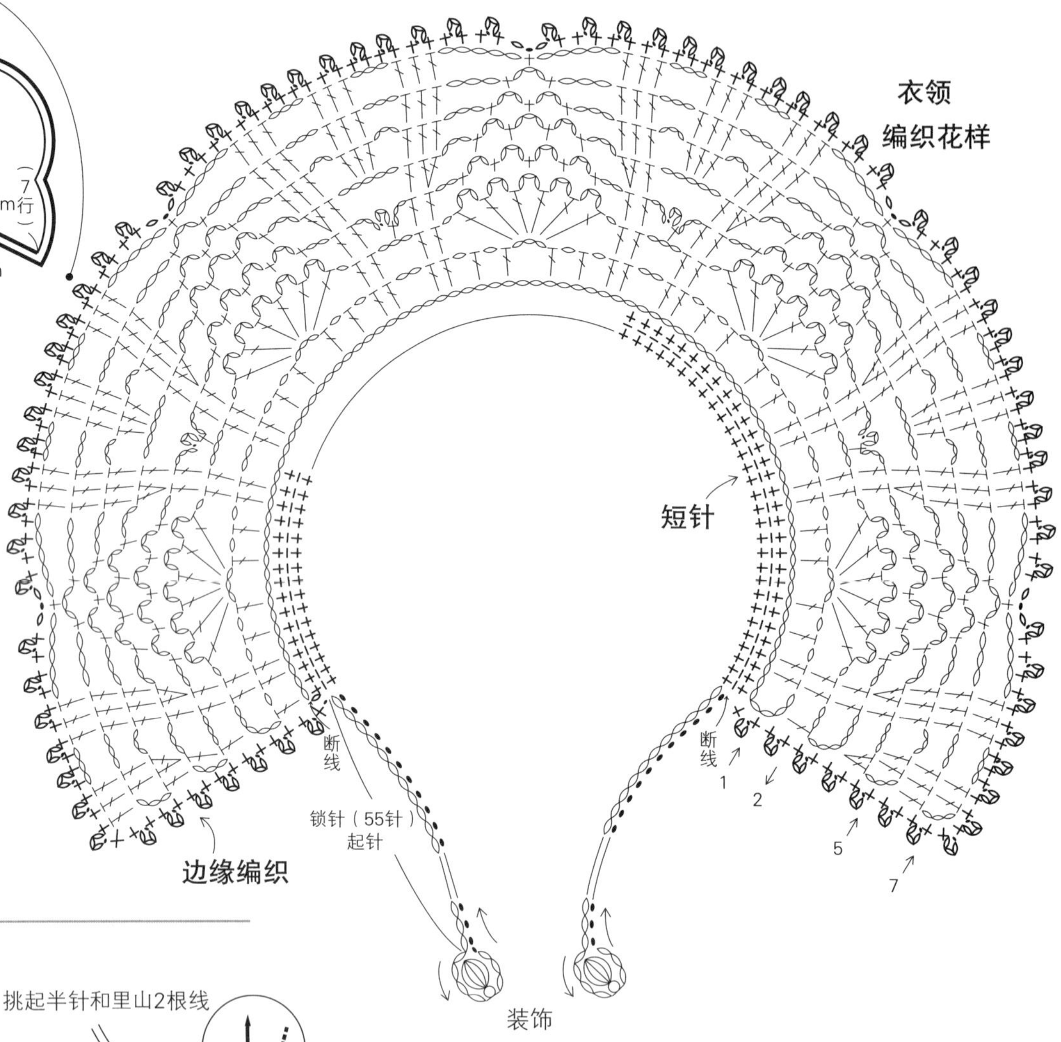

●编织要点

起 82 针锁针后，挑取锁针的半针和里山开始钩织，参照图示钩织 7 行编织花样。领窝的周围加线后，挑取起针的针目钩织第 1 行短针，接着钩织边缘编织、右侧 55 针锁针。钩织好装饰后，挑取锁针的里山往返钩织，领窝的第 2 行钩织条纹针（挑取短针的后半针），钩织左侧的系绳。

●起针的挑针方法

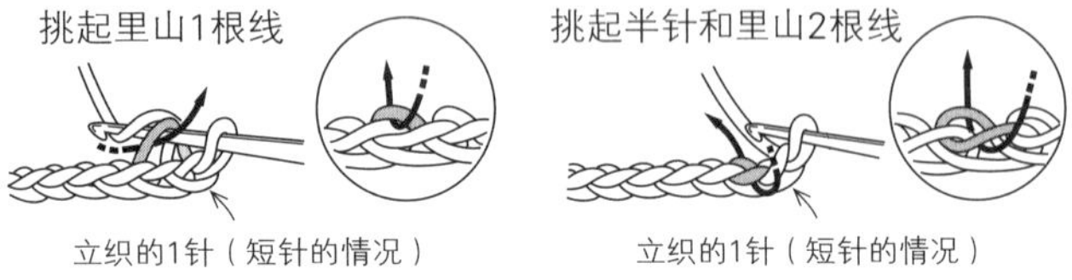

●短针

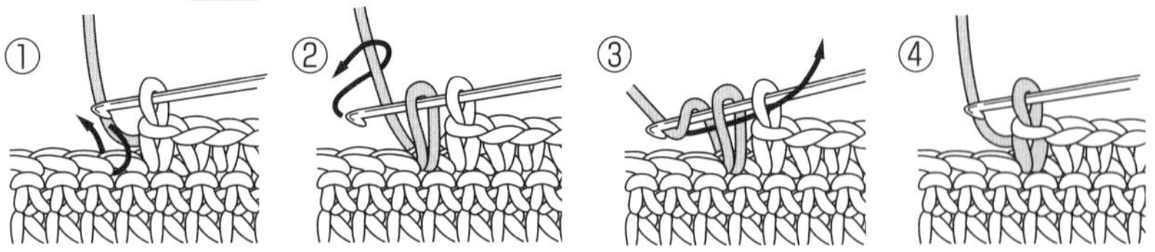

●长针

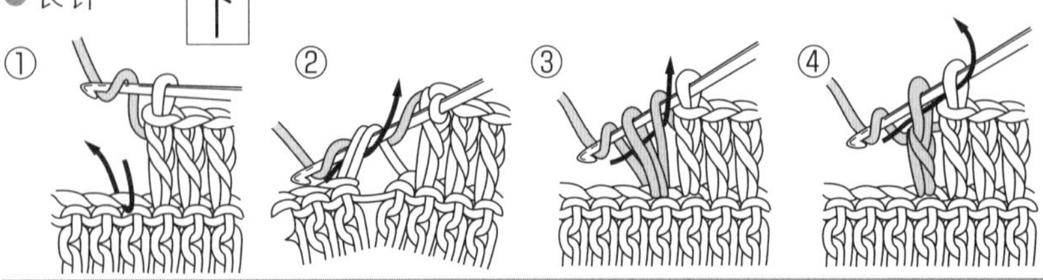

●3针锁针的狗牙针

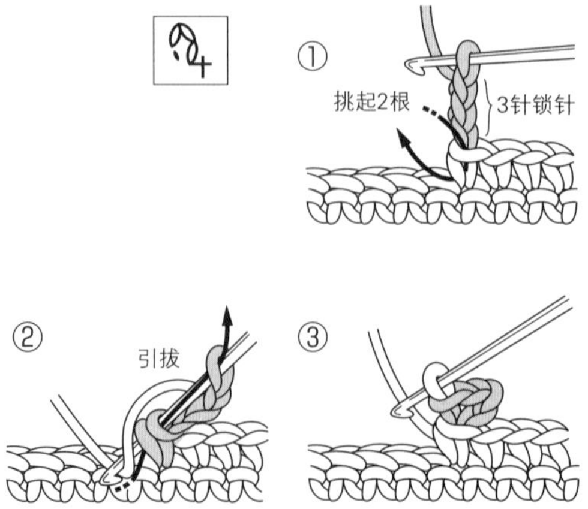

●材料

线…和麻纳卡 瓦帕曲 丹妮斯 藏青色(11) 180g(短裤 120g，帽子 60g)，4团；原色(2) 30g(短裤10g，帽子 20g)，1团

配件…直径12mm的纽扣4颗；宽2.5cm的松紧带(短裤52cm，帽子 50cm)

针…棒针6号

●成品尺寸

短裤 臀围50cm，裤长34cm

帽子 头围48cm，帽深21cm

●密度

10cm×10cm面积内：英式罗纹针18针，36行；下针编织19针，26行

●编织要点

短裤 手指挂线起针，分别用27针和28针编织10行，从第11行开始2片合在一起编织，中间位置减1针。后片高出的部分往返编织，接着编织腰带与折边部分，编织伏针收针。另一片对称编织，将立裆部分左右织在一起，下裆部分左右分别挑针接缝成环形，腰带参照图示的方法处理。

帽子 另线锁针起针做成环形，编织至帽顶减针。帽口另线锁针挑针编织，编织终点处编织伏针收针，向内对折后以藏针缝缝合。

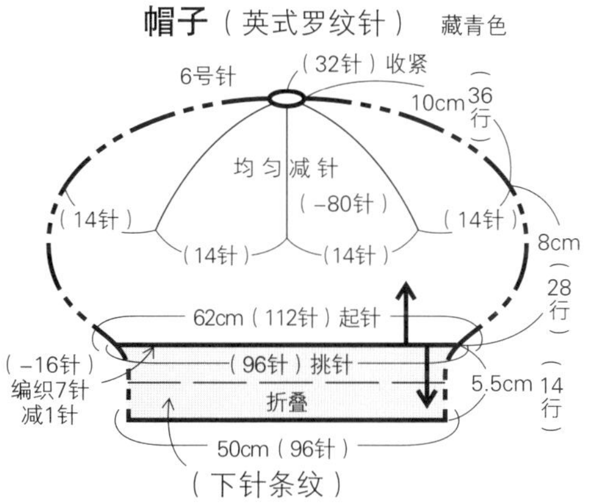

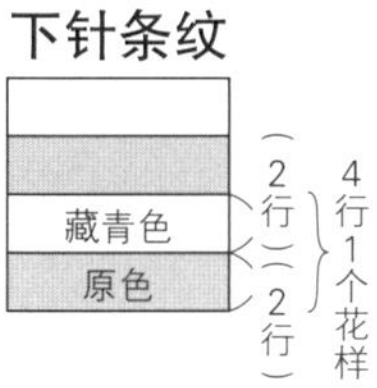

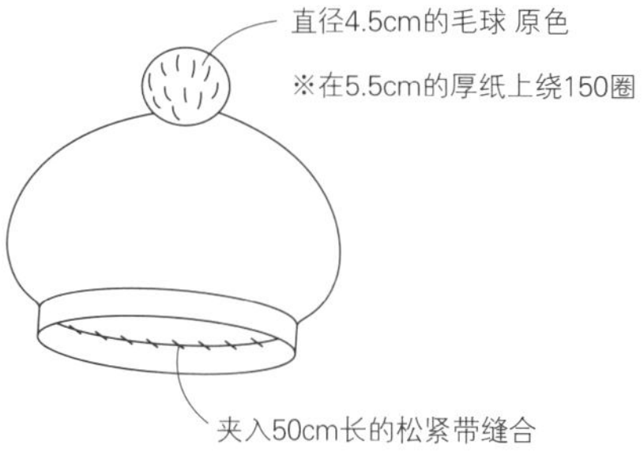

●收口方法（针数多的场合）

1针1针地穿过，绕2圈

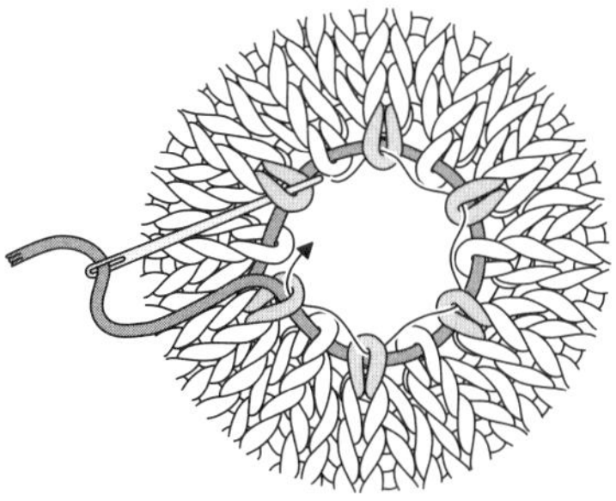

●毛球的制作方法

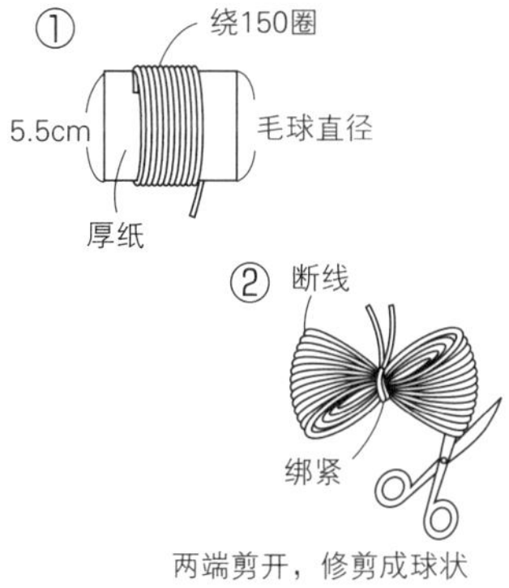

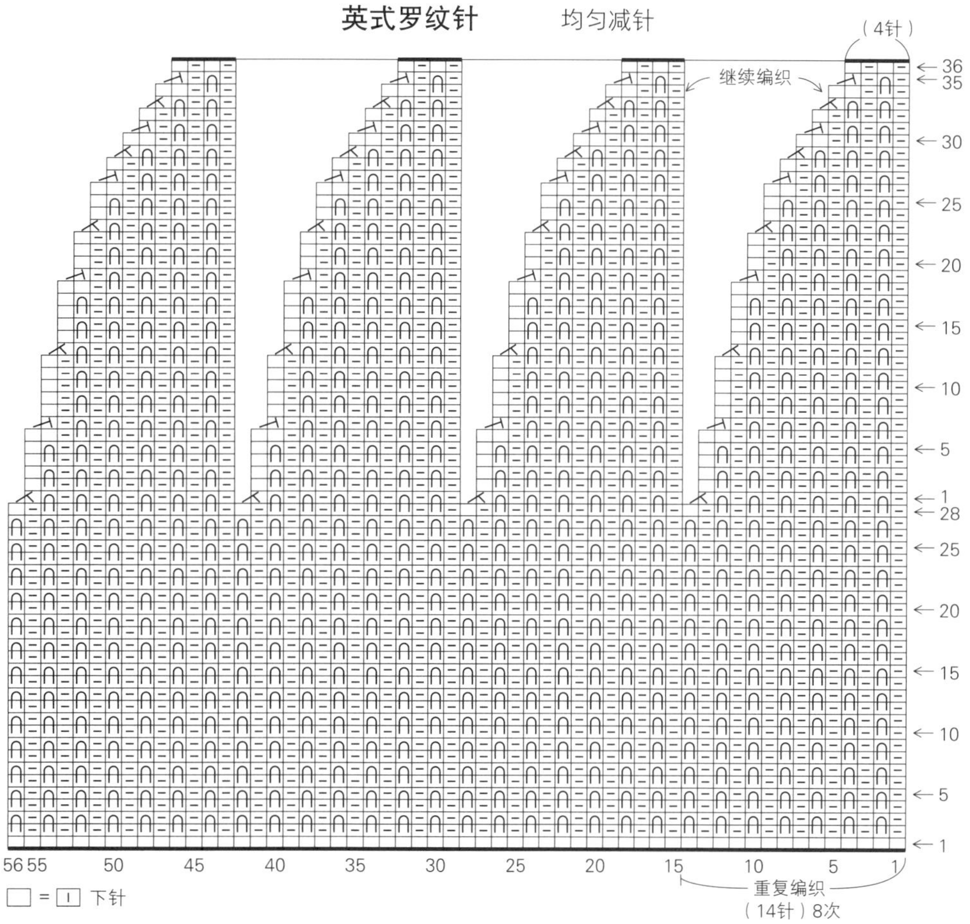

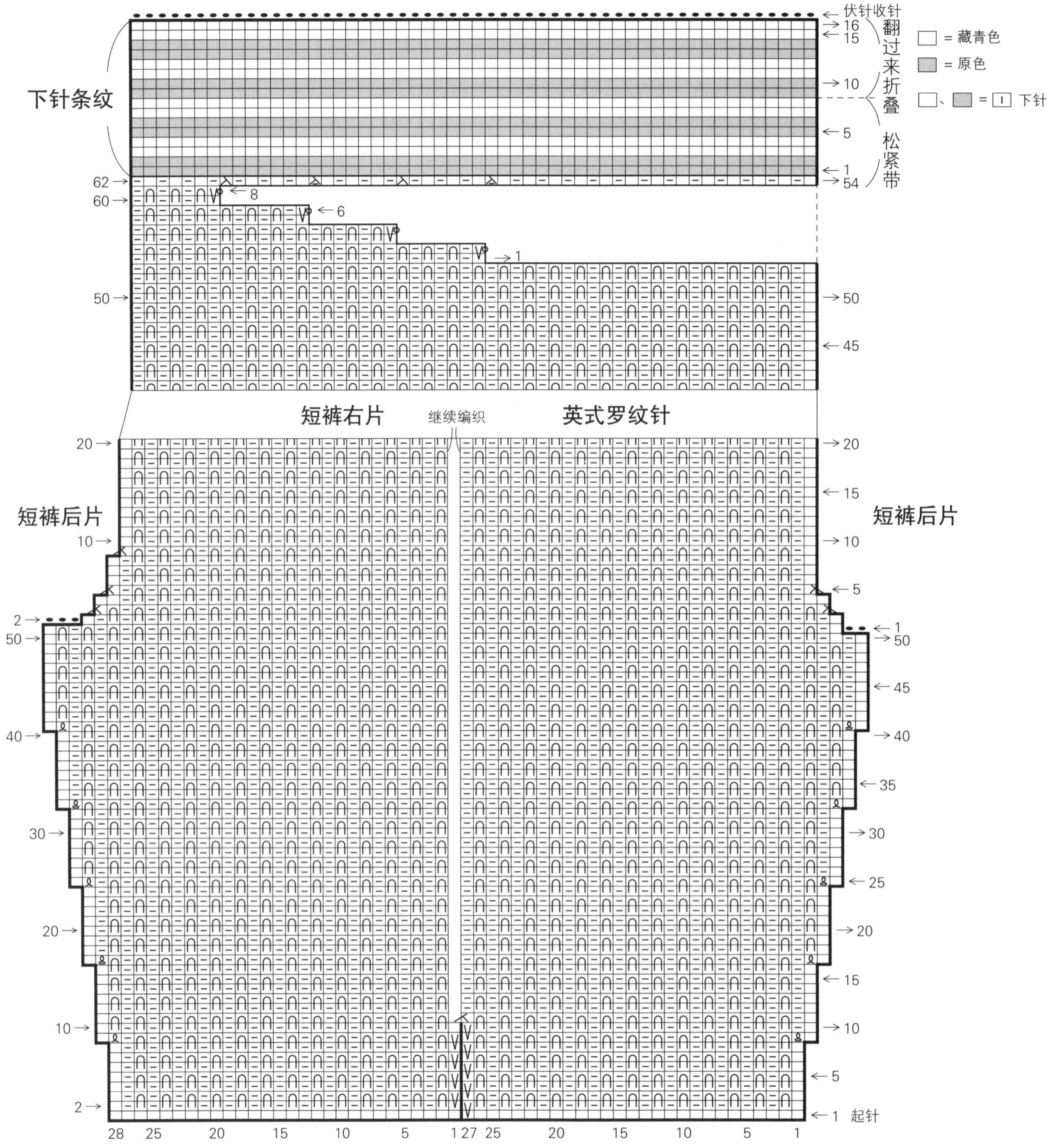

伏针收针
翻过来折叠
松紧带
□ = 藏青色
▨ = 原色
□、▨ = ▯ 下针
下针条纹
短裤右片
继续编织
英式罗纹针
短裤后片
短裤后片
起针

●英式罗纹针的编织方法

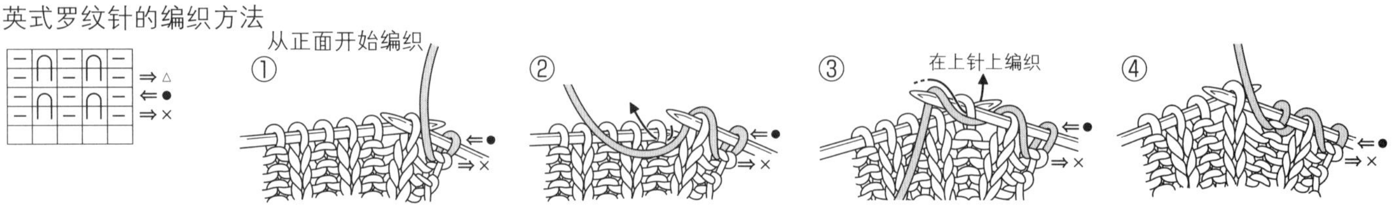

从正面开始编织
①
②
③
在上针上编织
④

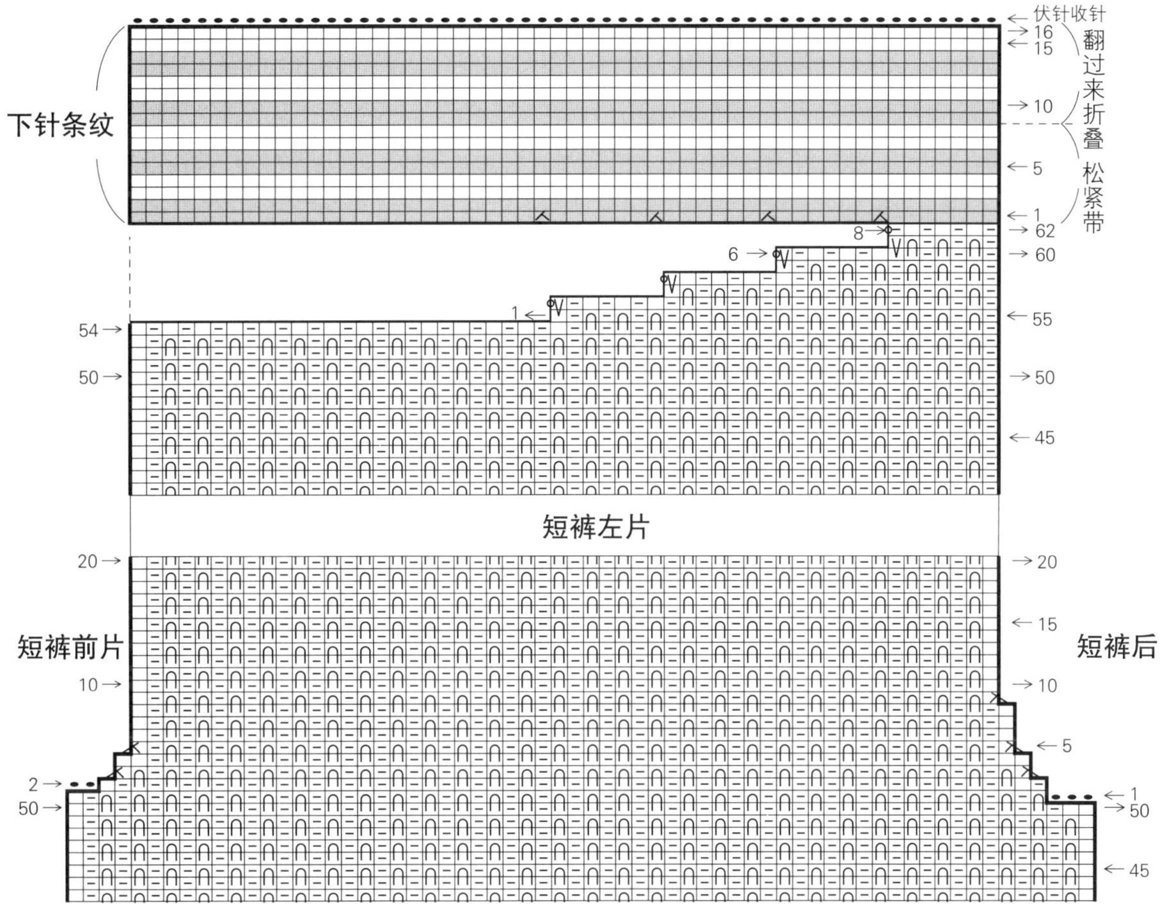

※50行以下短裤左片和短裤右片对称编入侧缝，编织要领相同

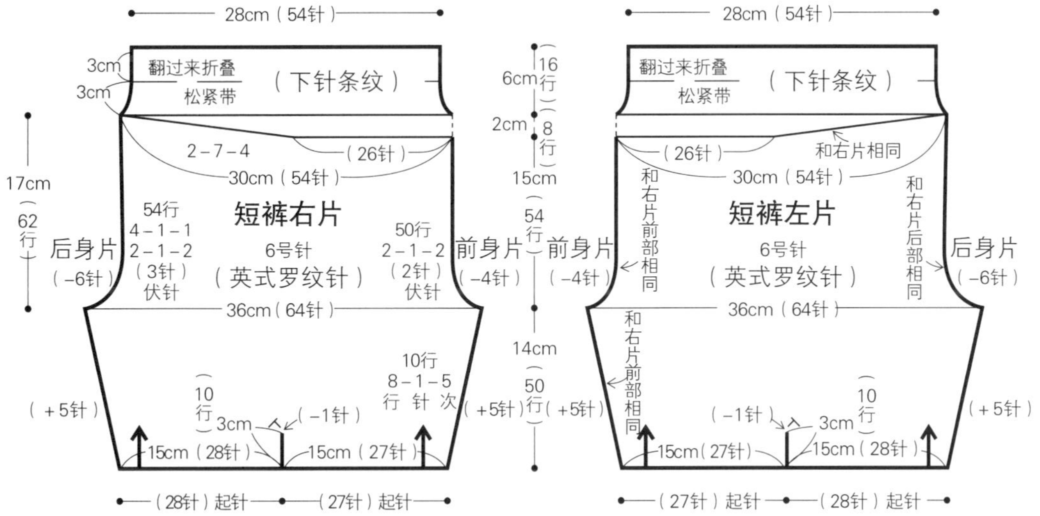

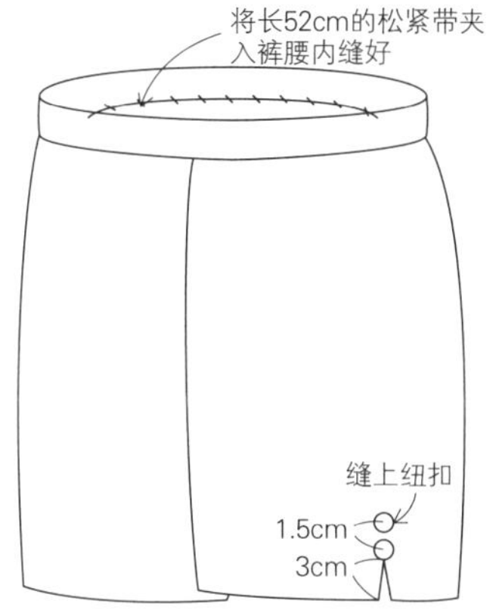

裤腰松紧带的连接

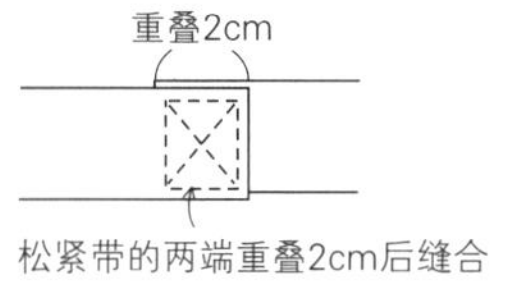

从反面开始编织

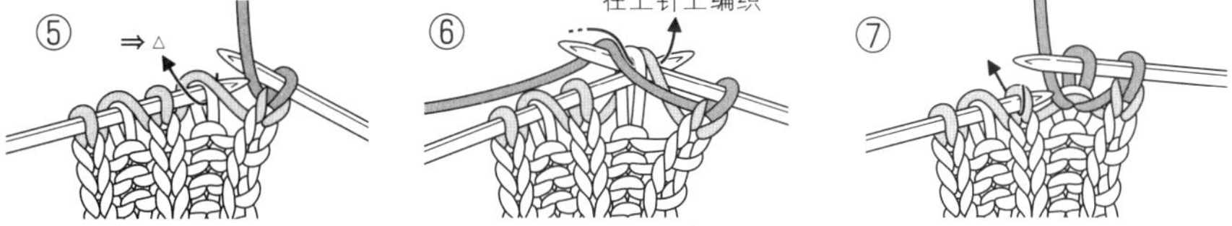

10
page11
90~
100cm

●**材料**

线…和麻纳卡 考腾彩色工艺 亮灰色(45) 140g (短裤 90g，帽子 50g)，6团；原色(41) 45g (短裤 30g，帽子 15g)，2团

配件…宽2.5cm的松紧带长52cm

针…棒针6号，钩针5/0号

●**成品尺寸**

短裤 臀围50cm，裤长36.5cm

帽子 头围48cm，帽深18.5cm

●**密度**

10cm×10cm面积内：下针编织20.5针，27.5行；编织花样A 23针(9cm)，27.5行(10cm)

●**编织要点**

短裤 手指挂线起针编织，第7行重复编织空加针、2针并1针和编织花样，渡线编织扭加针。臀部注意收针的配合，继续编织至腰部松紧带折叠部位。腰部将短裤左右两片连接成环形，左右两只裤腿也分别缝合成环形，腰部松紧带如图所示夹入缝合，并穿系绳。裤脚处狗牙边为沿花样线向内折叠缝合而成。

帽子 环形起针，如图所示加减针，继续编织帽檐，四周编织一圈反短针。制作帽顶绒球装饰，以藏针缝缝合。

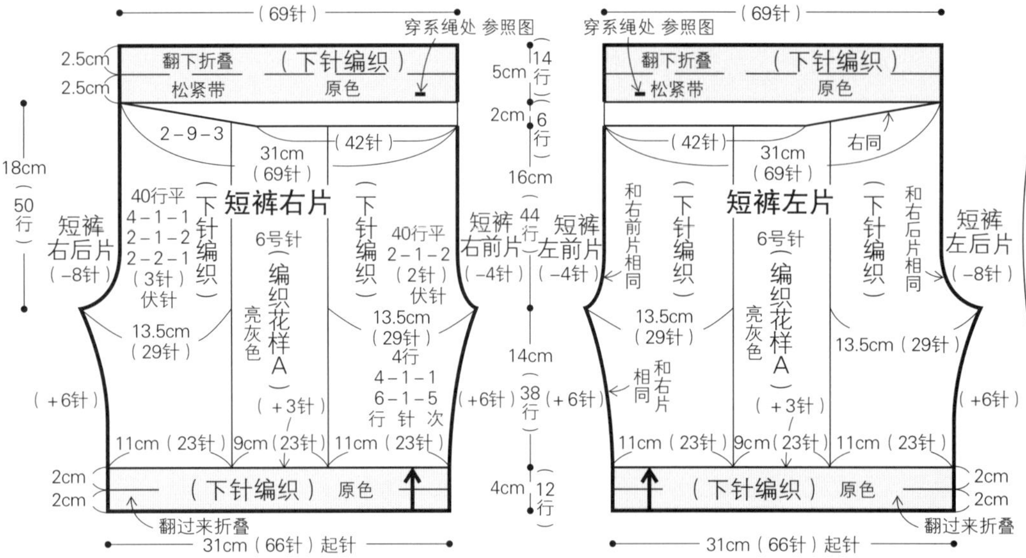

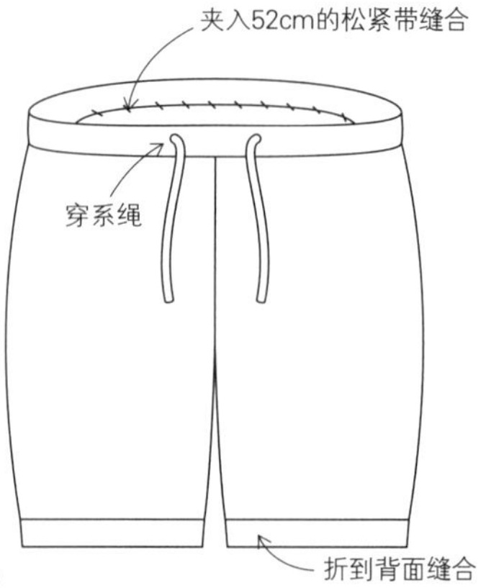

裤腰松紧带的连接

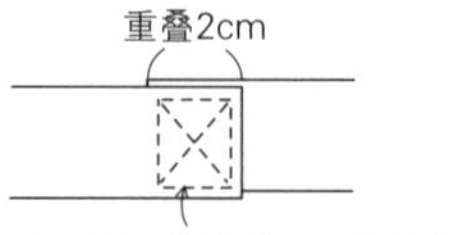

系绳(双重锁针)

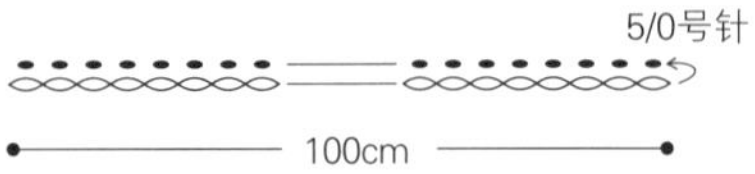

●双重锁针

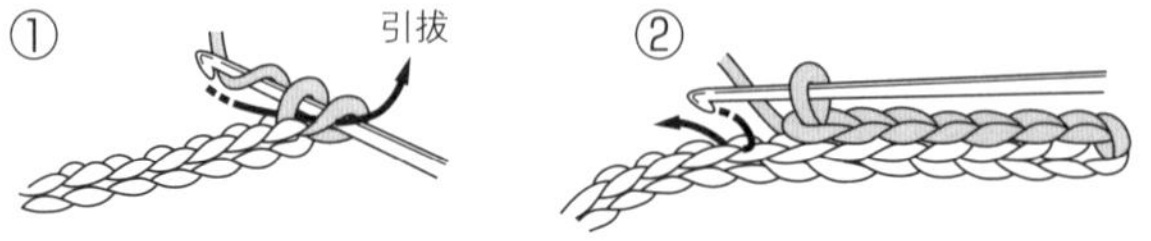

短裤左片

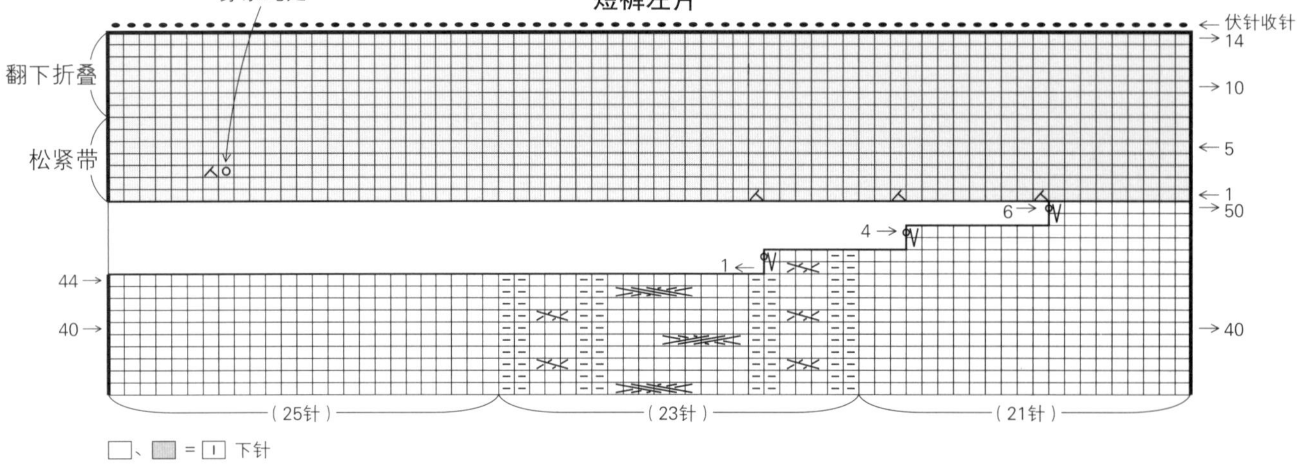

□、■ = Ⅰ 下针

● 右上1针和2针的交叉

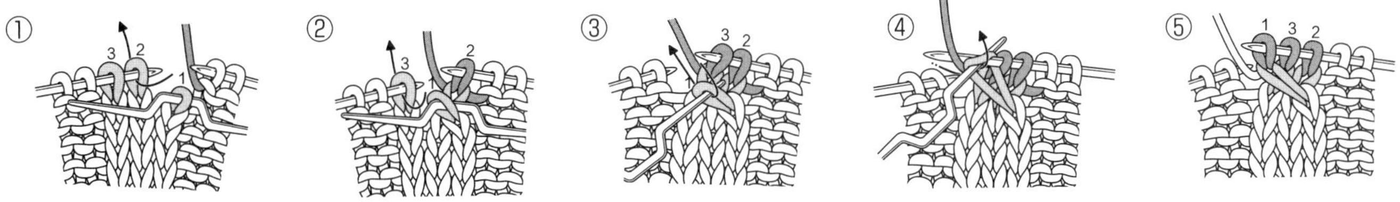

短裤右片

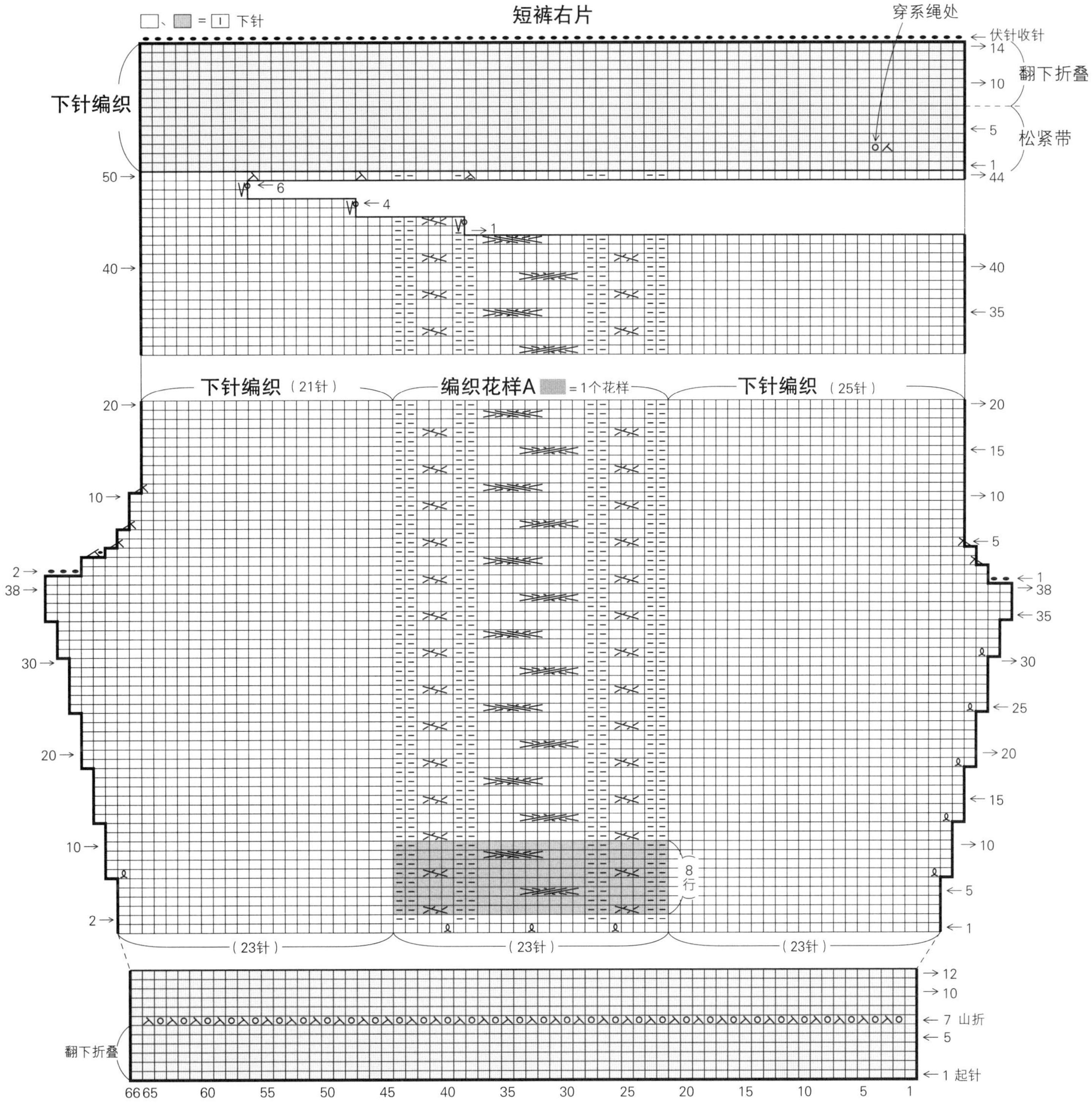

帽子（编织花样B） 亮灰色

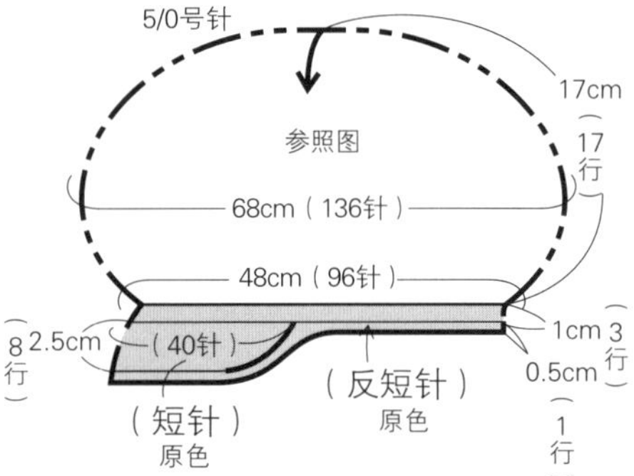

绒球装饰 （短针）

5/0号针 原色

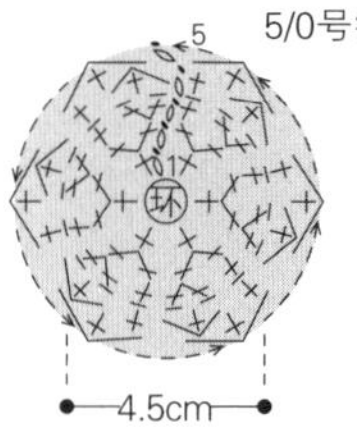

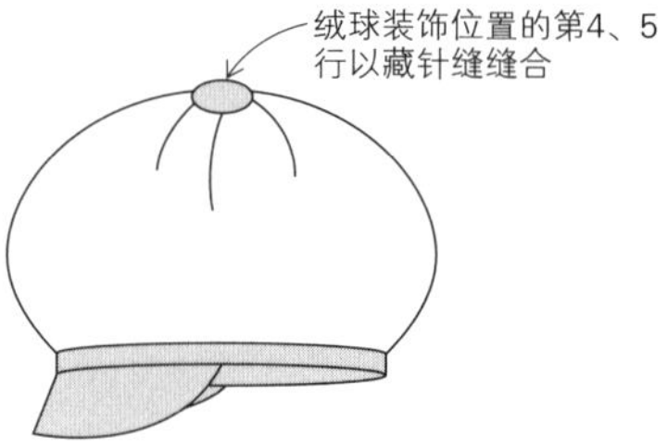

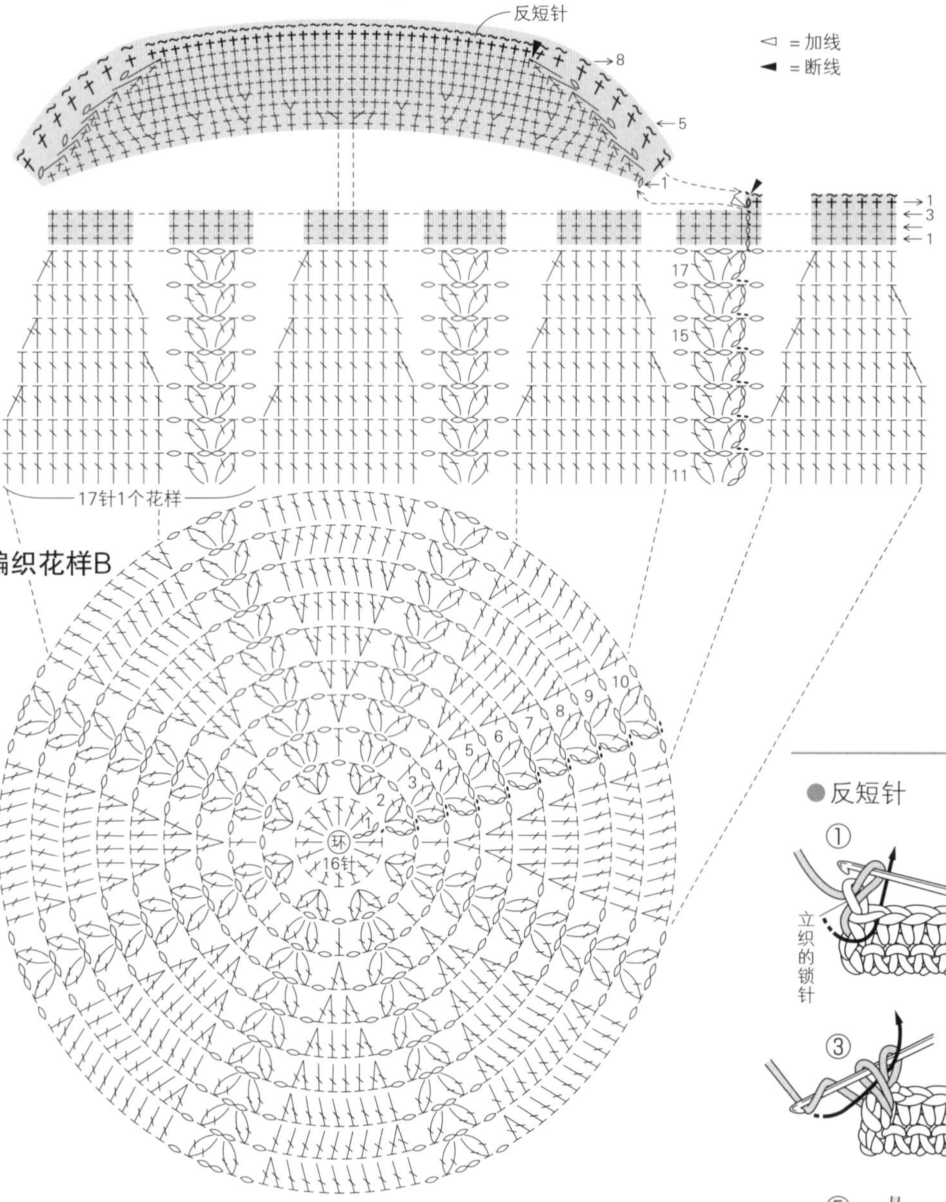

编织花样B

●环形起针

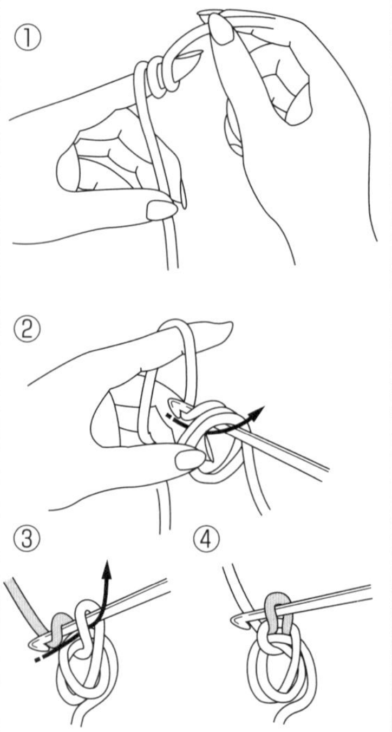

●反短针

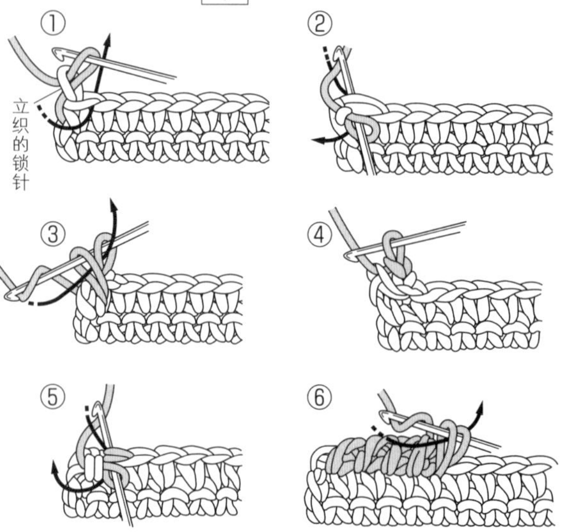

12

page13

妈妈款

●**材料**

线…和麻纳卡 法力士K <娜美> 橙色(604) 200g，8团

针…棒针5号，钩针6/0号

●**成品尺寸**

衣长42.5cm，连肩袖长58.5cm

●**密度**

10cm×10cm面积内：编织花样18针，25行

●**编织要点**

前、后身片 在后身片中心另线锁针起针，从锁针里山挑针开始编织，第2行作为编织花样的正面。开口结束处用线做好标记，编织终点处编织伏针收针。另外一半另线锁针挑针，以相同要领编织。

组合 袖口在环形开口结束处挑针接缝。衣领、下摆继续环形编织4行边缘编织a，袖口编织2行边缘编织b。用锁针钩织2根系绳，在袖口的第63行利用编织花样的小孔穿过，首尾打结即编织完成。

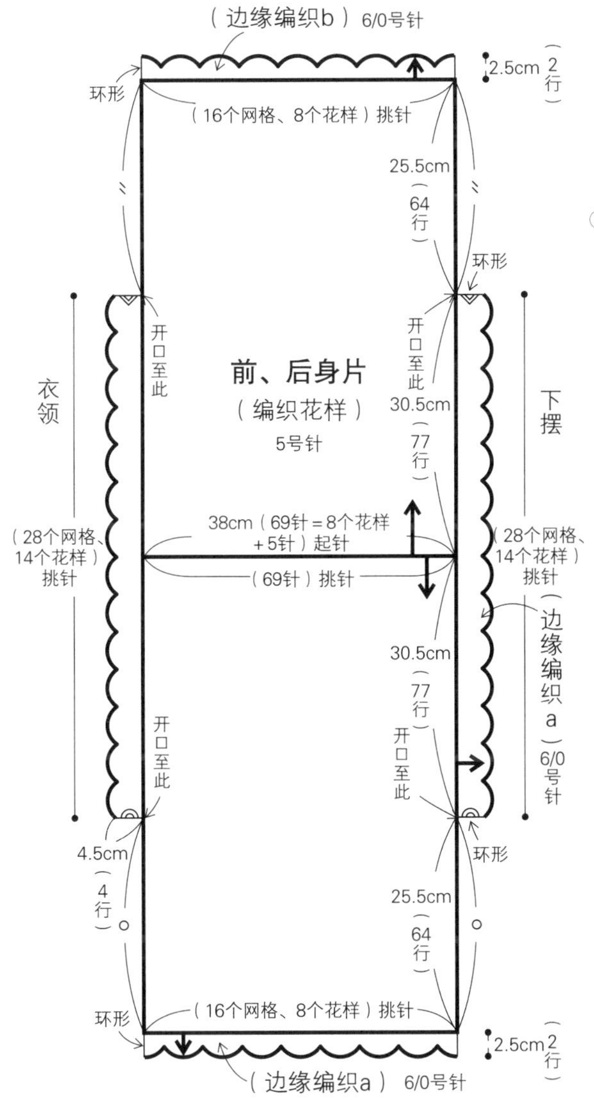

☆编织图见P.59

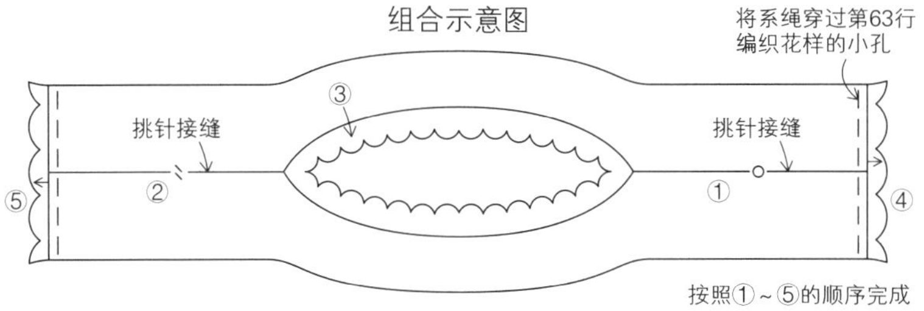

边缘编织a

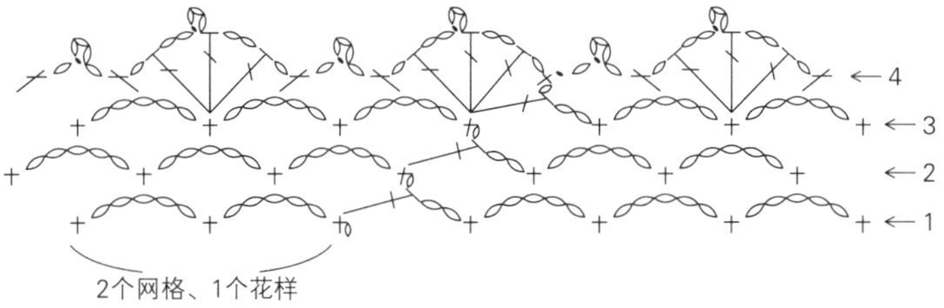

边缘编织b

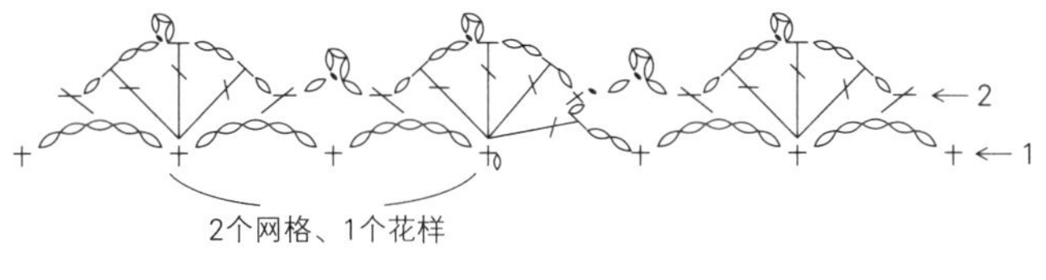

系绳（锁针）6/0号针 2根

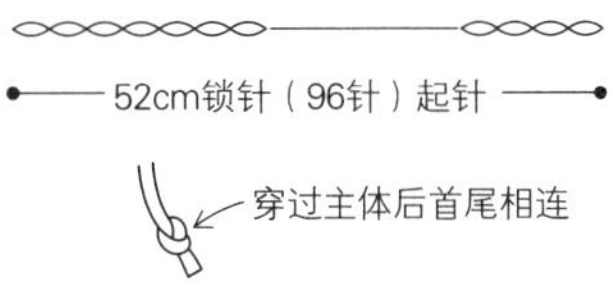

11
page12
100~
110cm

●**材料**

线…和麻纳卡 法力士K 米色(12) 100g，4团

针…棒针5号，钩针6/0号

●**成品尺寸**

衣长30cm，连肩袖长37cm

●**密度**

10cm×10cm面积内：编织花样19针，24.5行

●**编织要点**

前后身片 在后身片中心另线锁针起针，从锁针的里山挑针开始编织，第2行作为编织花样的正面。开口结束处用线做好标记，编织终点处编织伏针收针。另外一半另线锁针挑针，以相同要领编织。

组合 袖口在环形开口结束处挑针接缝。衣领、下摆继续环形编织2行边缘编织，袖口编织2行边缘编织。用锁针钩织2根系绳，在袖口的第35行利用编织花样的小孔穿过，首尾打结即编织完成。

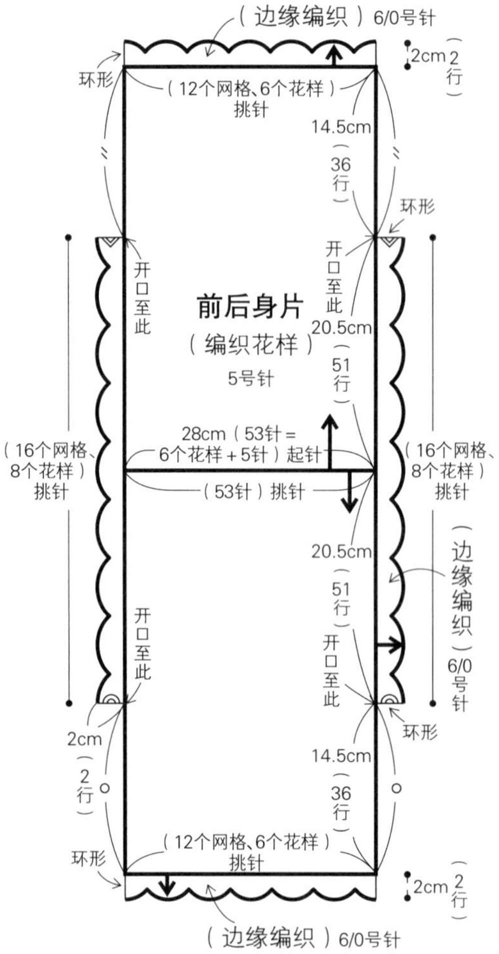

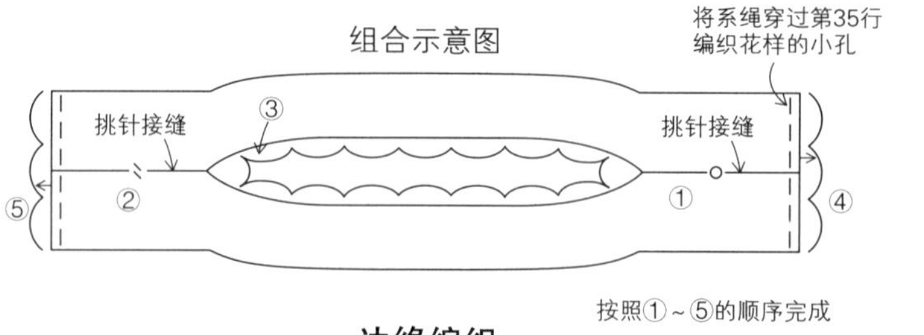

边缘编织

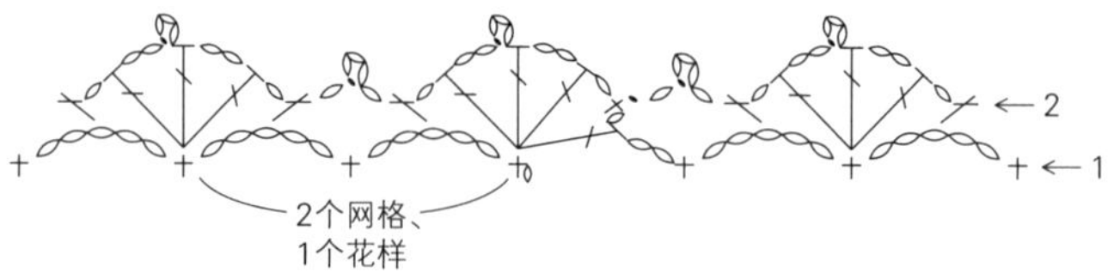

系绳(锁针) 6/0号针 2根

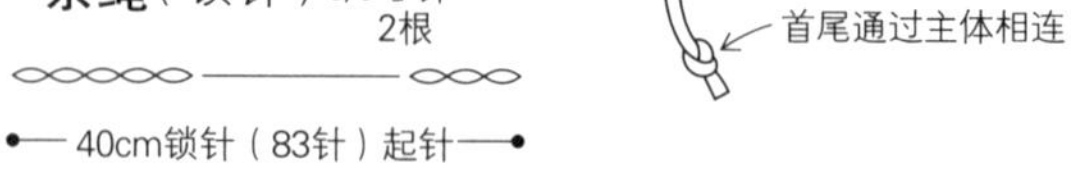

●另线锁针的挑针

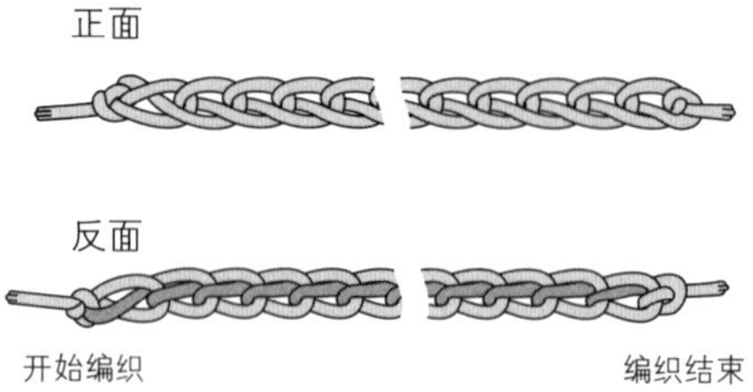

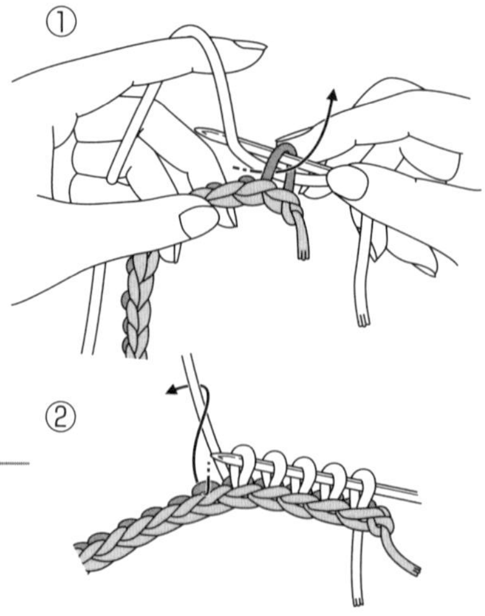

●拆开另线锁针的挑针

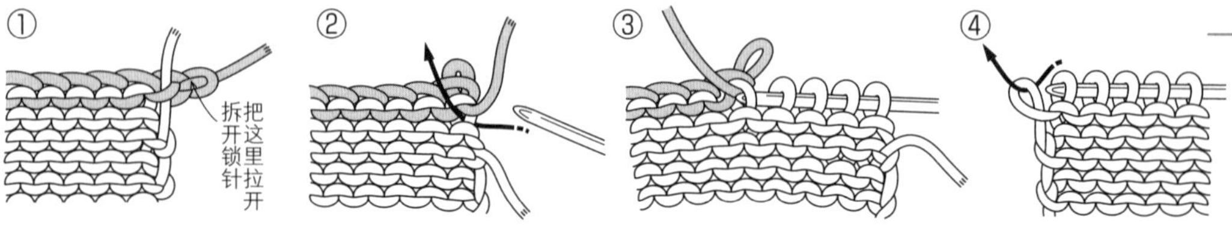

接P.57作品12

编织花样

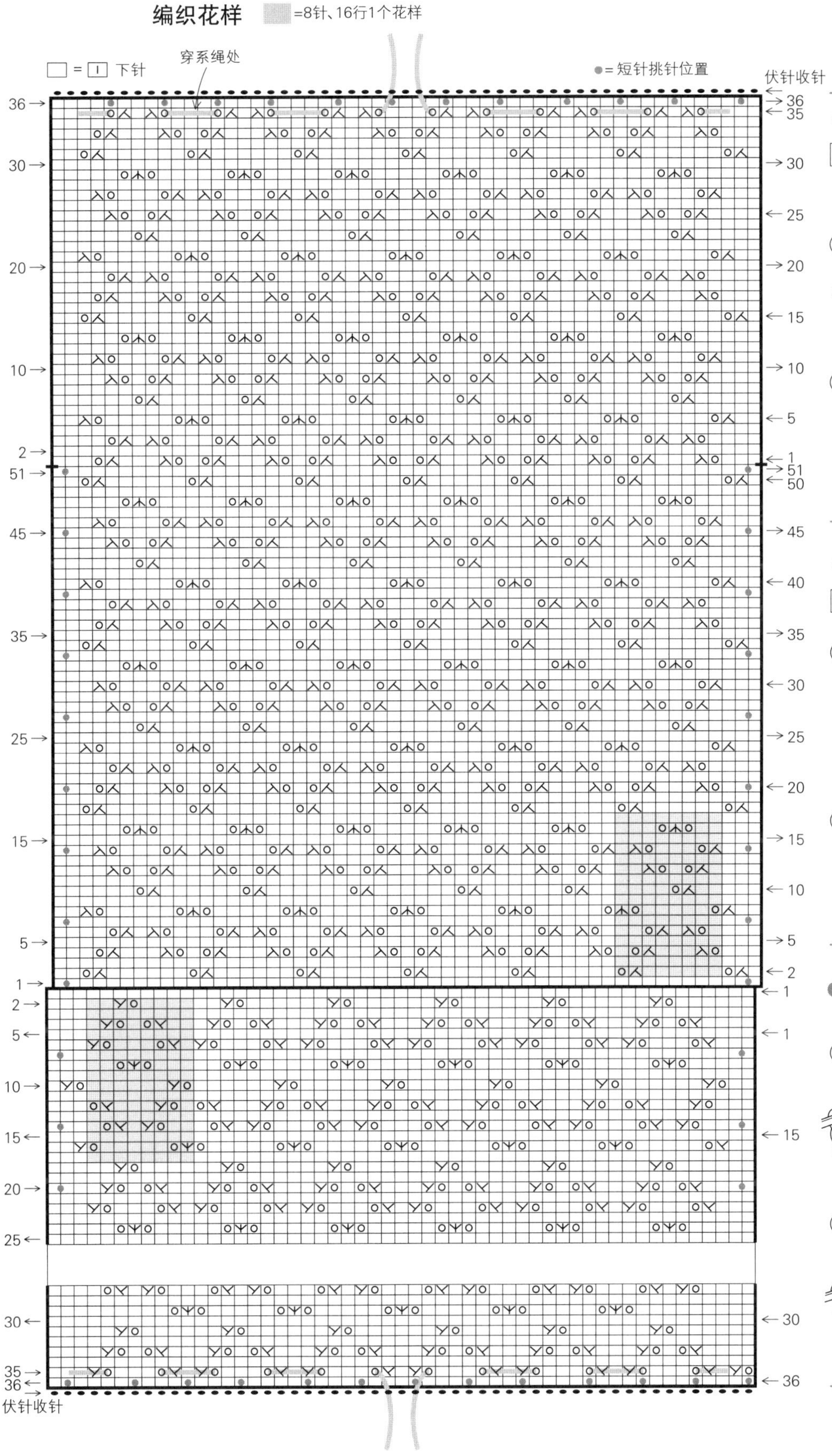

●左上2针并1针和空加针

○人

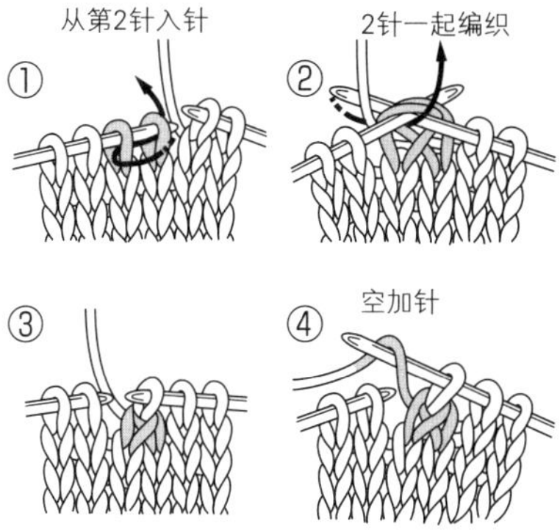

●空加针和右上2针并1针

入○

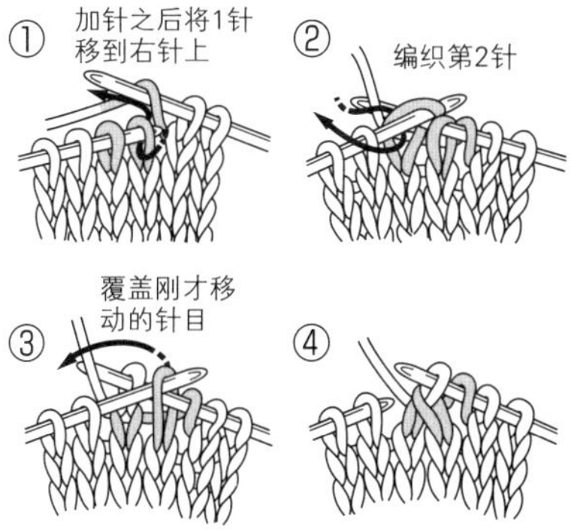

●中上3针并1针 木

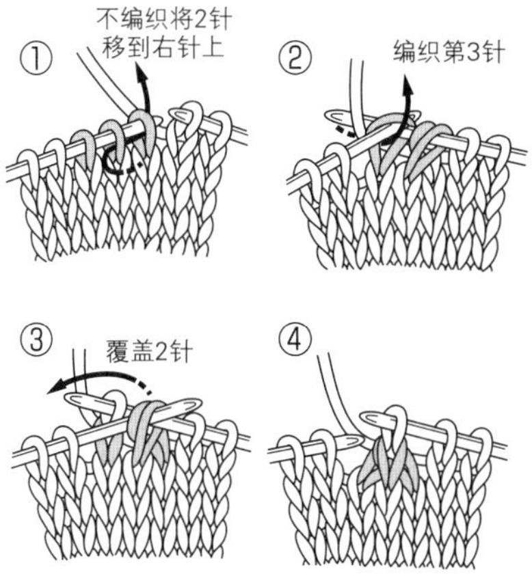

13

page14

100 (110)cm

●材料

线…和麻纳卡 考腾彩色 工艺 亮灰色 **无袖连衣裙**（45）100cm 170g，7团 110cm，190g，8团；**外套** 100cm 160g、110cm 170g，各7团；**胸花** 5g

配件…纽扣 **无袖连衣裙** 直径15mm6颗，直径20mm1颗；**外套** 直径20mm金属制胸针1个；宽3.5cm的胸花底盘1个；宽2.5cm蝉翼纱丝带长50cm**薄绢丝带** 宽1.5cm、长30cm 1根，宽2.5cm、长14cm 1根

针…棒针5号，钩针6/0号

●成品尺寸

无袖连衣裙 100cm 胸围56cm，肩宽23cm，衣长45cm

110cm 胸围60cm，肩宽24cm，衣长48cm

外套 100cm 胸围70cm，连肩袖长43cm，衣长31cm

110cm 胸围70cm，连肩袖长45cm，衣长53cm

●密度

10cm×10cm面积内：下针编织22针，30行；编织花样23.5针，30行

●编织要点

无袖连衣裙 从下摆开始手指挂线起针编织。胁挑针接缝。

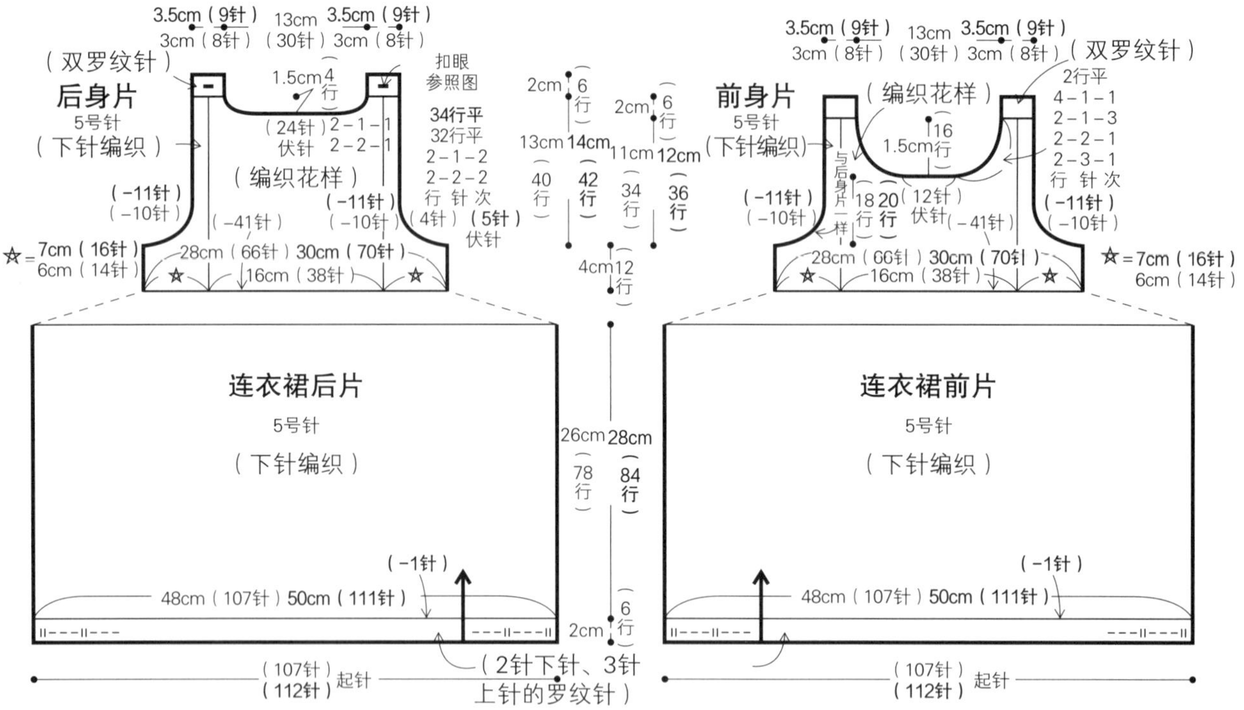

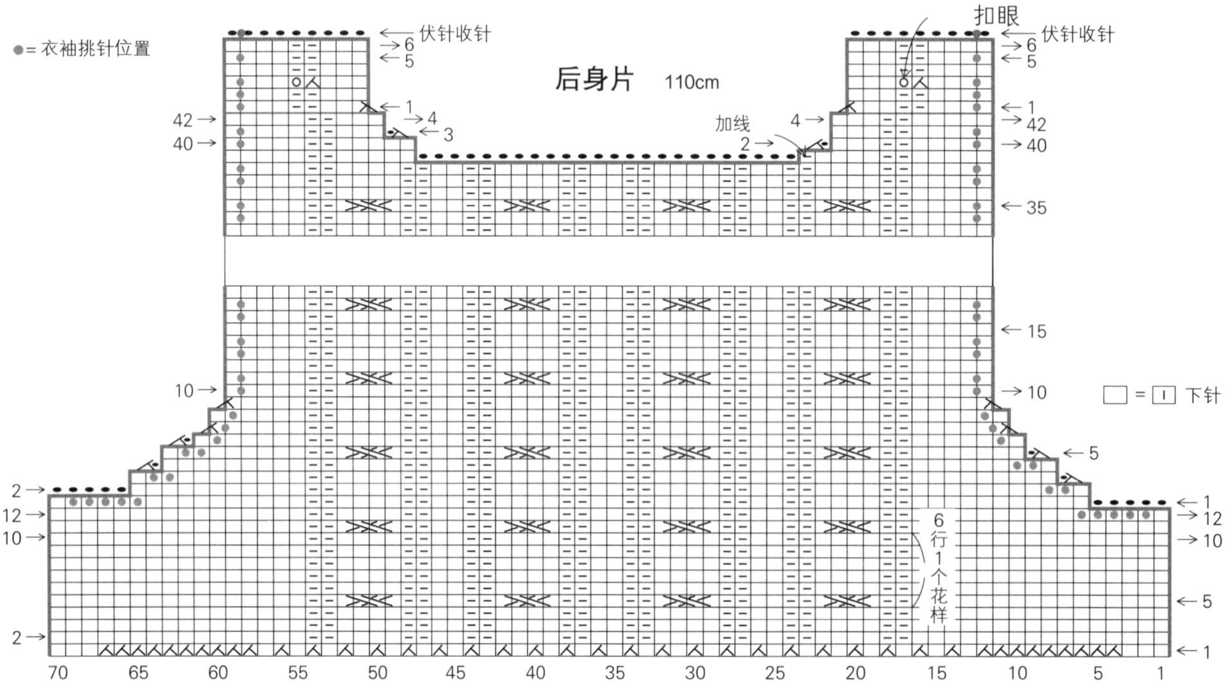

前身片 100cm

●= 衣领、袖窿挑针位置

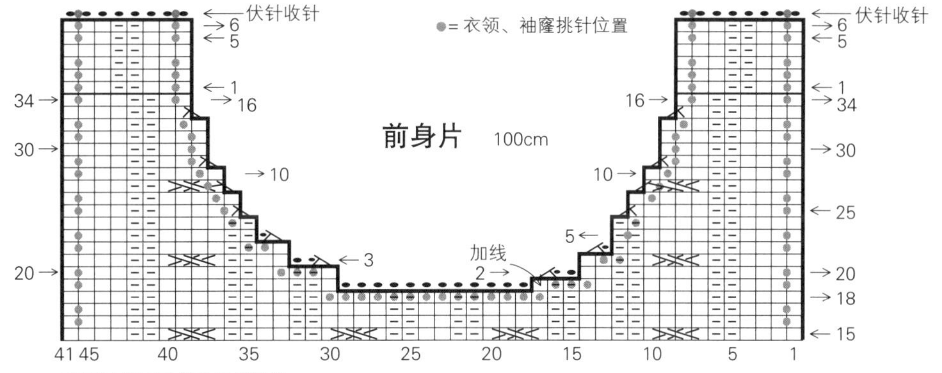

后身片 100cm

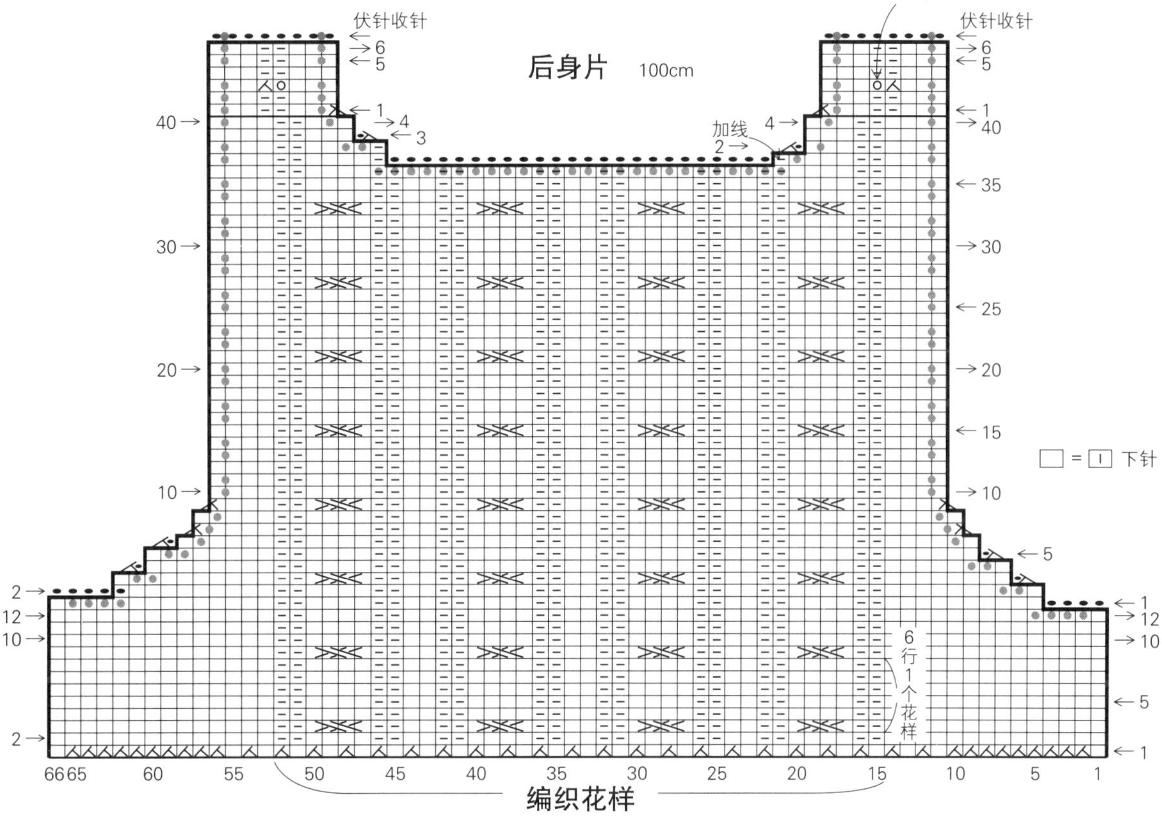

□ = Ⅰ 下针

编织花样

衣领、袖窿（双罗纹针）

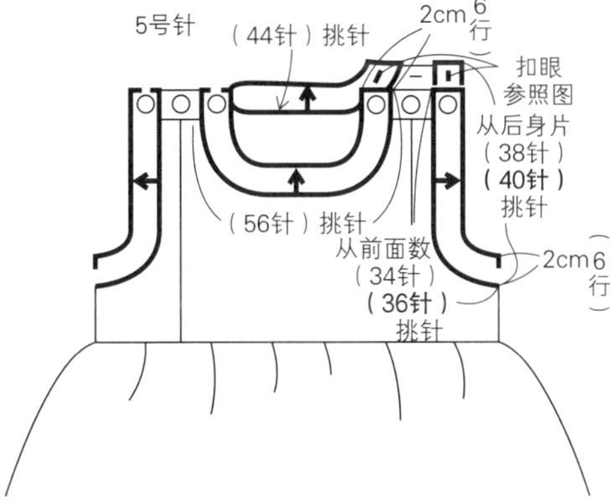

标注尺寸的细字 = 100cm、通用
标注尺寸的**粗字** = 110cm

扣眼（后衣领）

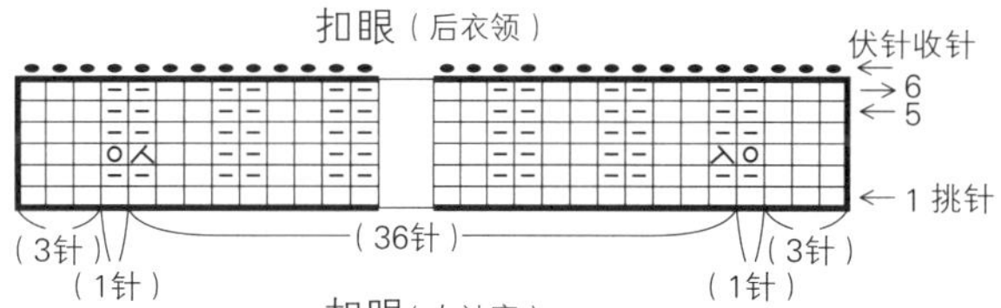

扣眼（右袖窿）

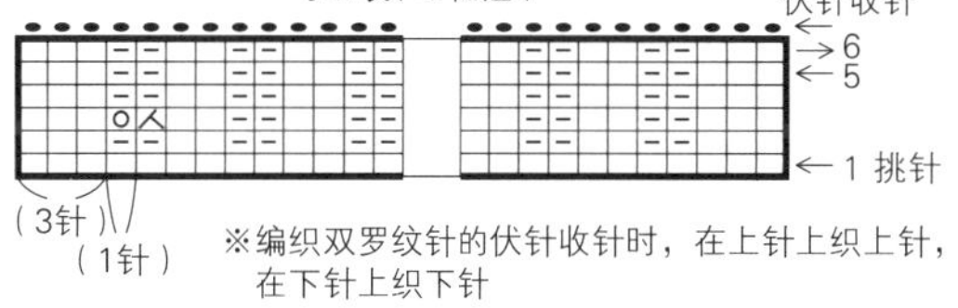

※编织双罗纹针的伏针收针时，在上针上织上针，在下针上织下针

2针下针、3针上针的罗纹针

□ = Ⅰ 下针

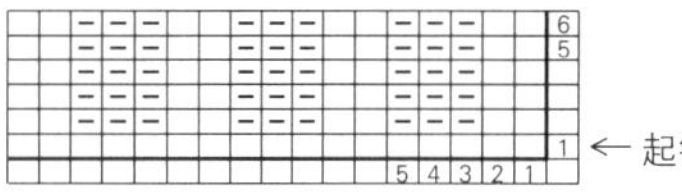

外套

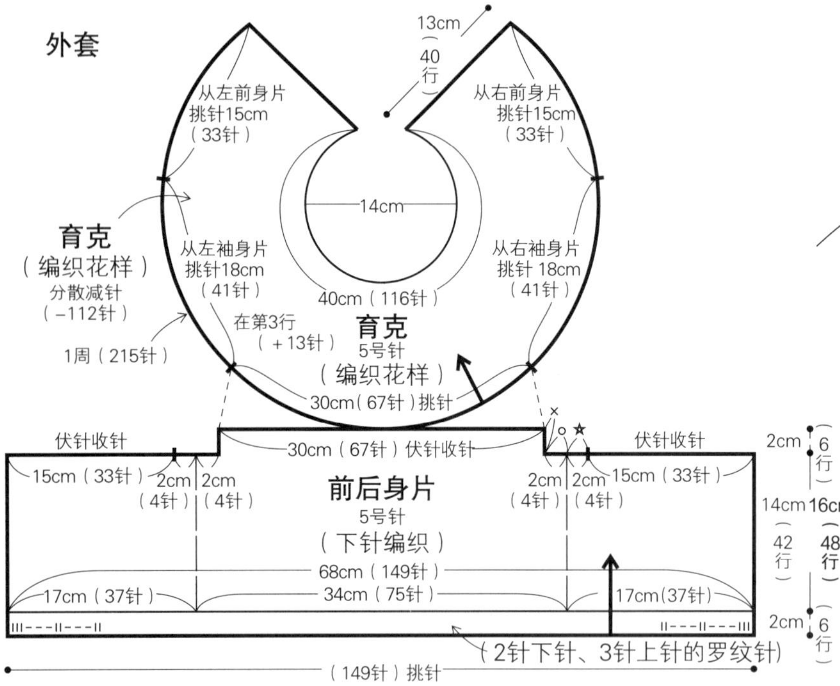

衣领（2针下针、3针上针的罗纹针）5号针

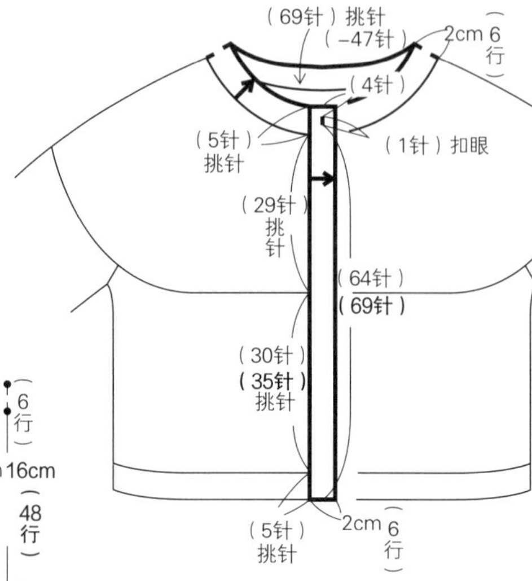

扣眼（右前门襟）

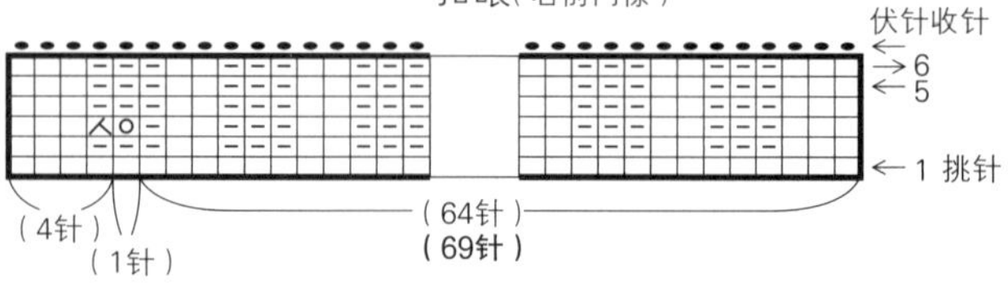

●编织要点

外套　从下摆开始手指挂线起针，前、后身片继续编织。编织 42（48）行下针编织，右前身片的 33 针和腋下部分每 4 针编织伏针收针，后身片继续编织 6 行，编织伏针收针。左侧的腋下部分和左前身片，在用线做标记处编织伏针收针。编织衣袖，育克从右前身片、右袖、后身片、左袖、左前身片处挑针编织，第 3 行加针，从第 11 行开始分散减针，衣领第 1 行减针继续编织。

组合　袖下挑针接缝，腋下的部分挑针接缝，后身片的 6 行做针和行对齐钉缝。前门襟挑针编织。

标注尺寸的细字 = 100cm、通用
标注尺寸的**粗字** = 110cm

※编织伏针收针时，在下针上织下针，在上针上织上针

育克　编织花样　分散加减针

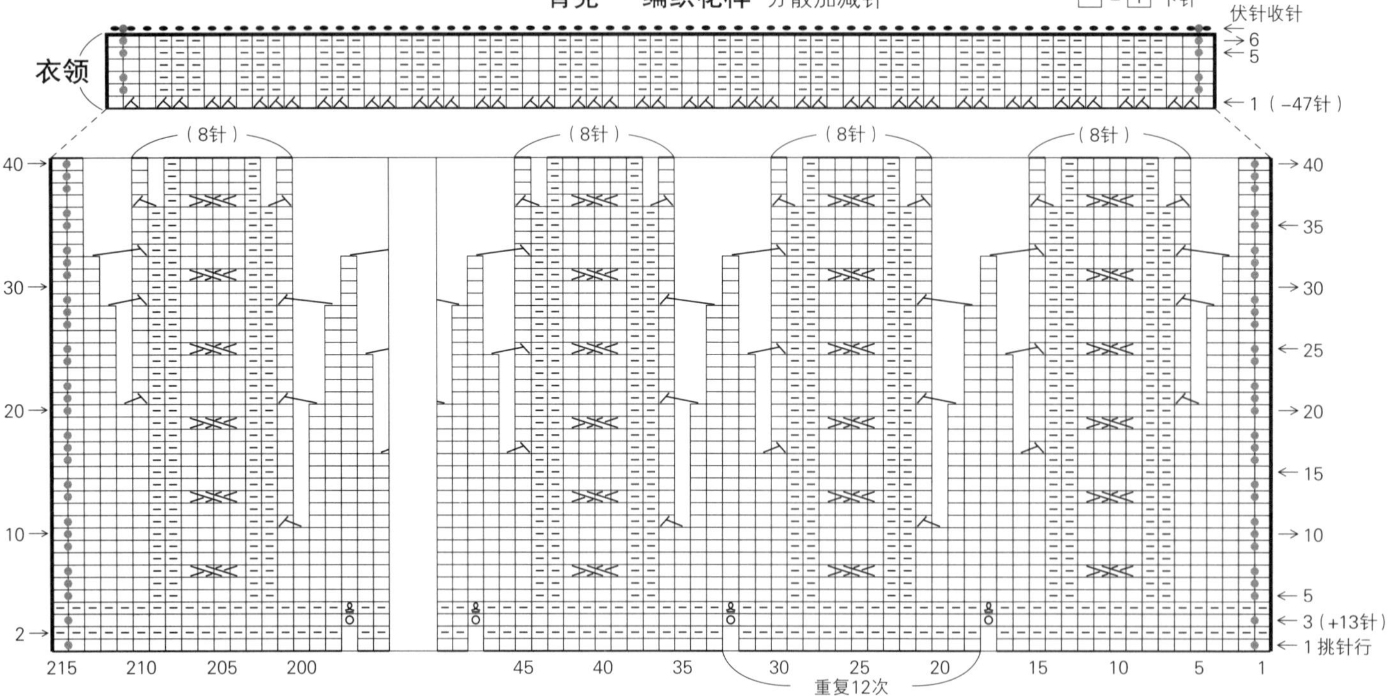

衣袖 100cm 110cm

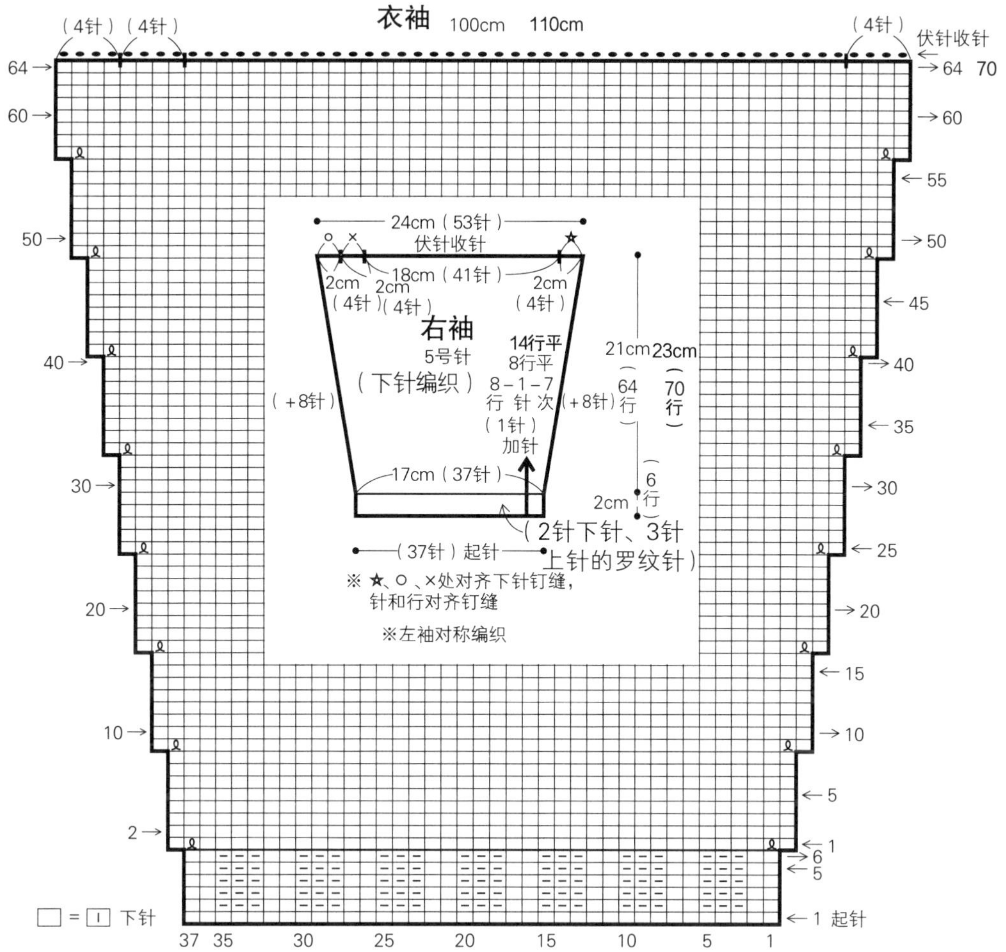

●右上2针交叉

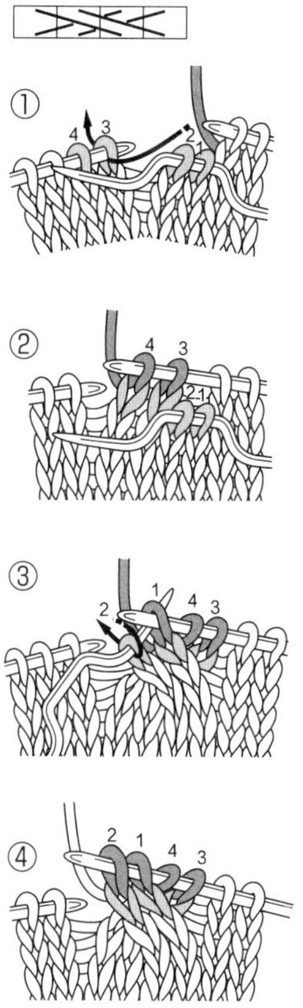

胸花

底座 5号针

底座的制作方法

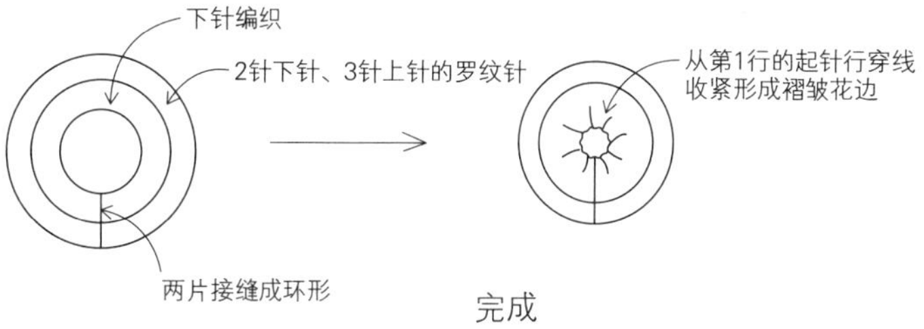

底座

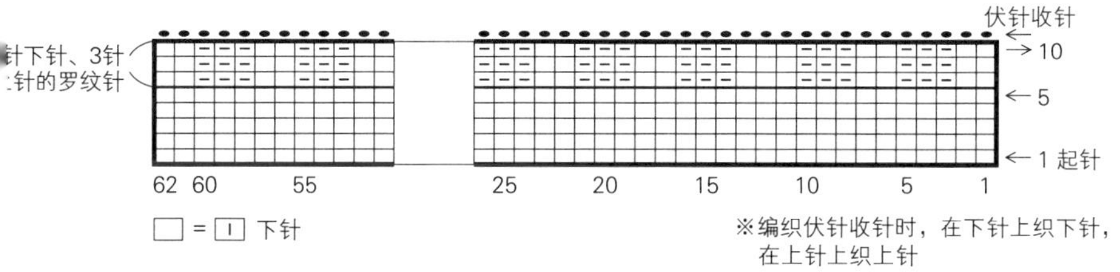

※编织伏针收针时，在下针上织下针，
在上针上织上针

完成

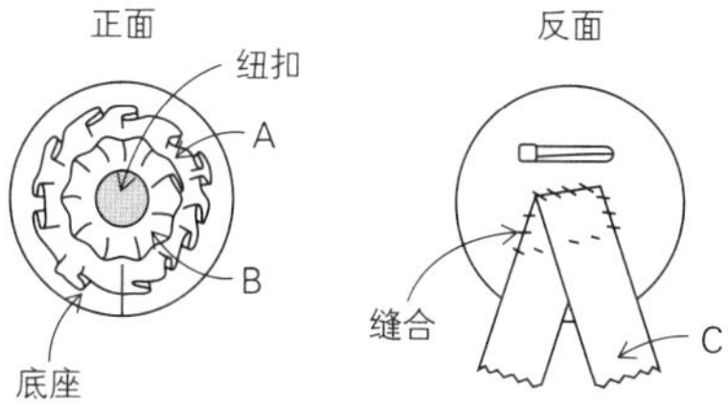

丝带A、B重叠缝合，做成带褶皱边的环形，
放在底座上面，中心缝上纽扣

A	宽2.5cm 蝉翼纱丝带（银灰色）长50cm
B	宽1.5cm 薄绢丝带（银灰色）长30cm
C	宽2.5cm 薄绢丝带（灰色）长14cm

14

page16

110 (100)cm

●材料

线…和麻纳卡 斐尔拉迪50 **开衫** 玫瑰色(93) 110cm 220g, 6团 100cm 190g, 5团; **围巾** 60g, 2团

配件…直径15mm的心形纽扣5颗

针…钩针 **开衫**110cm 5/0号, 100cm 4/0号;**围巾**5/0号

●成品尺寸

开衫 110cm 胸围73cm, 肩宽29cm, 衣长37.5cm, 袖长26.5cm

100cm 胸围69cm, 肩宽27cm, 衣长35cm, 袖长25cm

围巾 宽13.5cm, 长79cm

●密度

10cm×10cm面积内：编织花样 **开衫** 110cm 20针, 9行 100cm 21针, 9.5行;**围巾**20针, 9行

●编织要点

开衫 锁针起针, 在锁针的里山挑针开始钩织。前身片对称钩织2片。

组合 肩部卷针缝, 胁和袖下钩织"1针引拔针、3针锁针"的锁针接缝。边缘编织按照衣领、下摆、前门襟、袖口的顺序进行, 衣袖和身体引拔接缝。

围巾 边缘编织a从编织花样处开始继续钩织, 编织起点侧加入另线钩织。

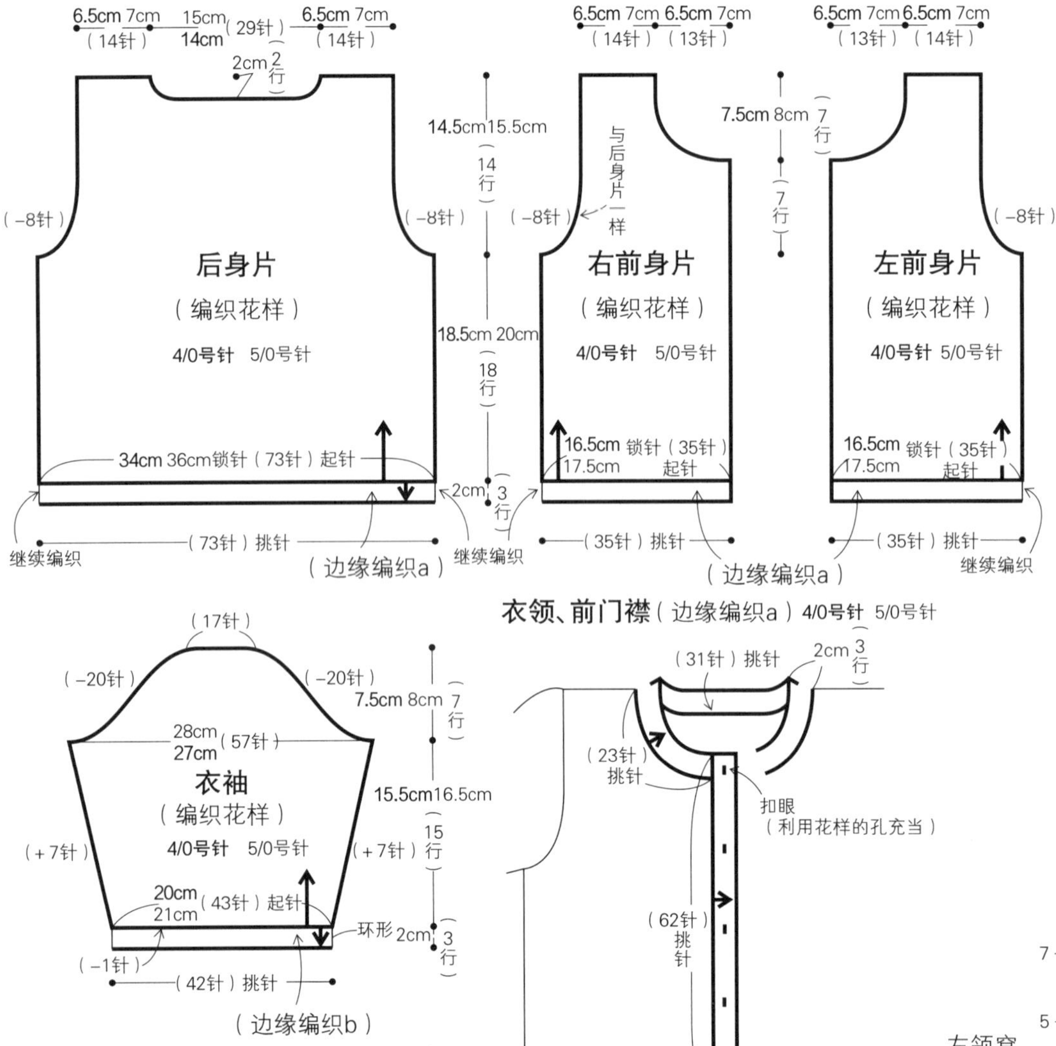

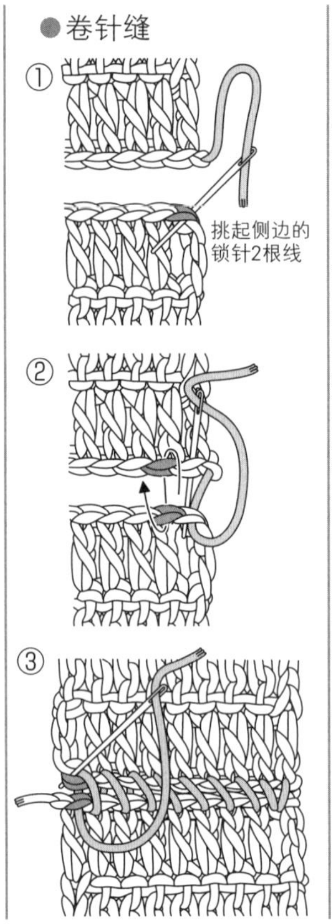

标注尺寸的细字=110cm、通用
标注尺寸的粗字=100cm

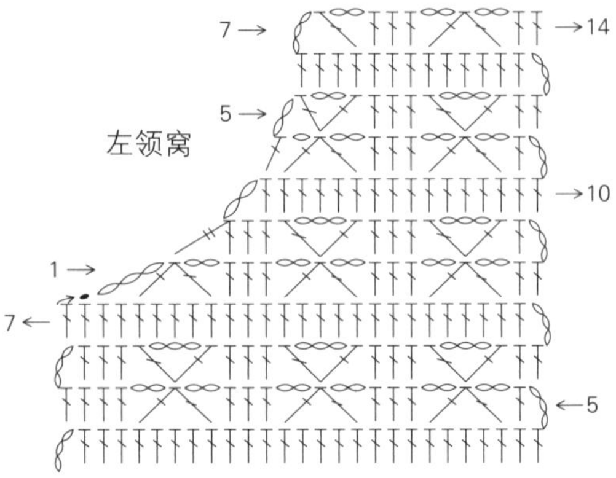

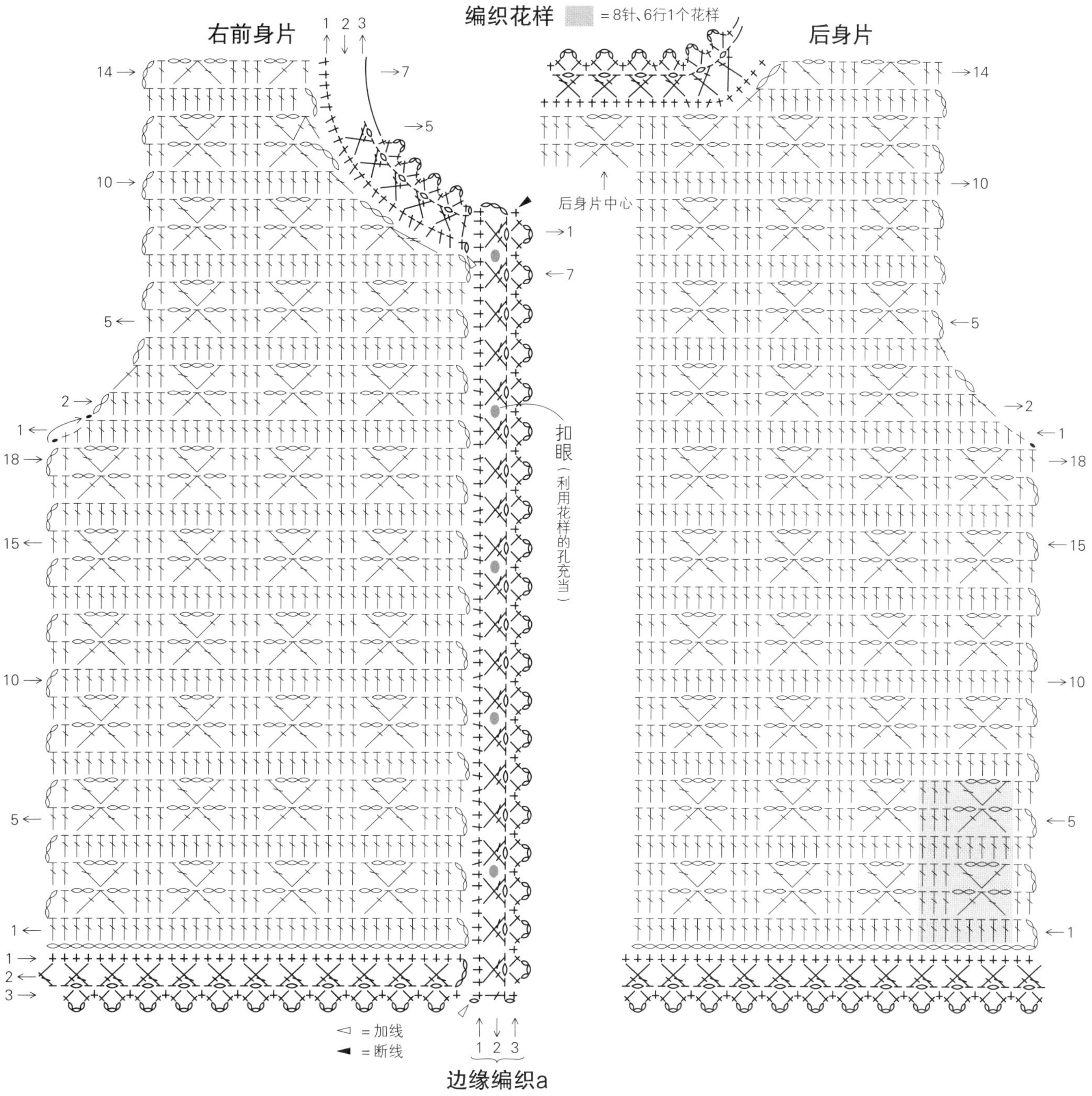

●（1针引拔针、2针锁针）的锁针接缝

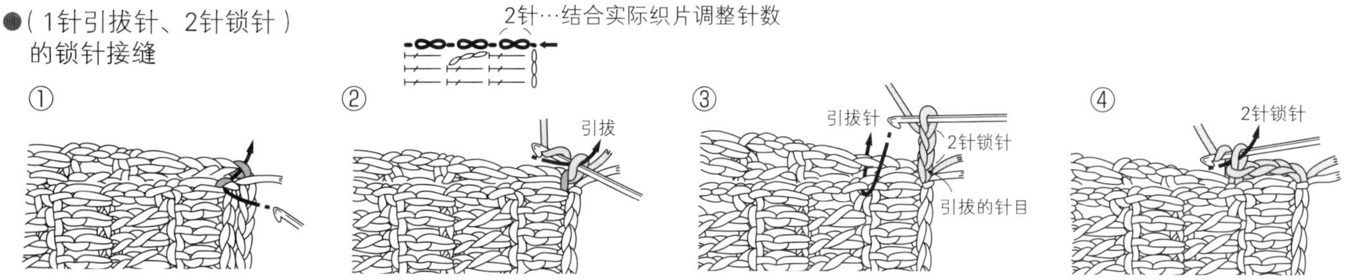

衣袖

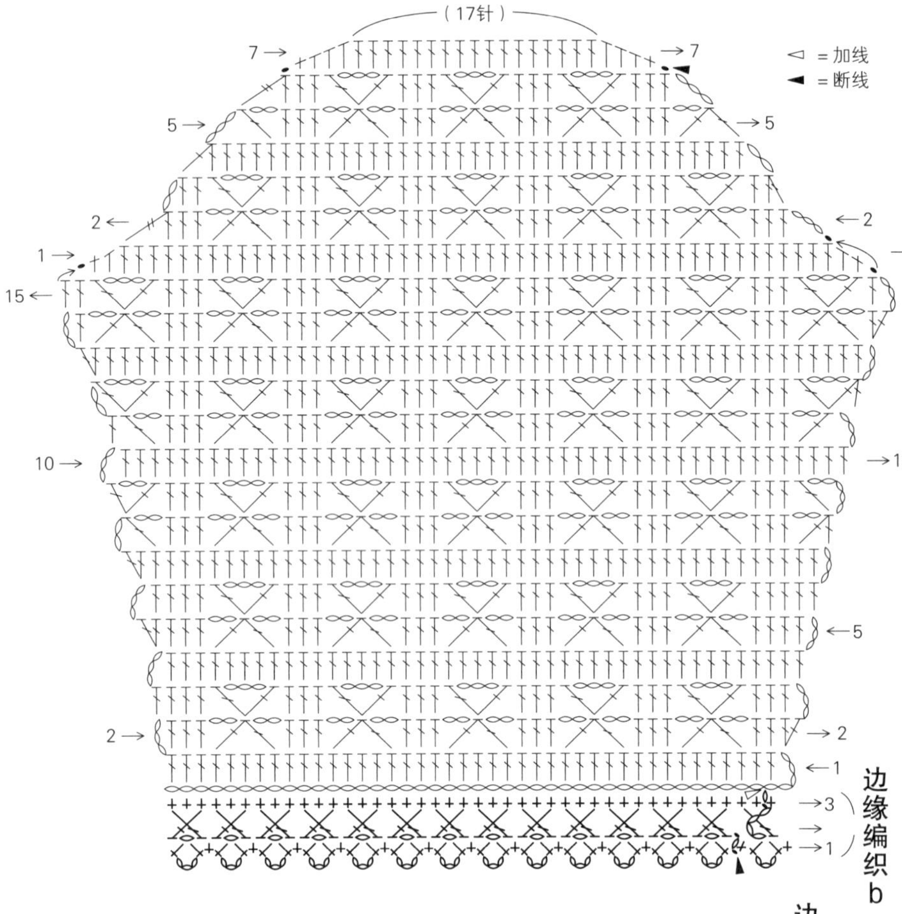

●渡线编织

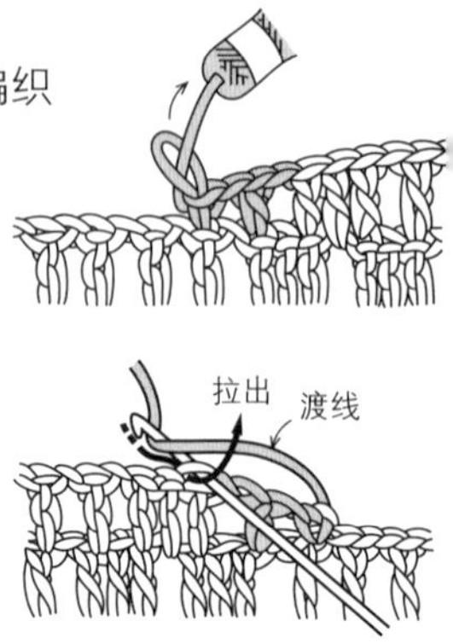

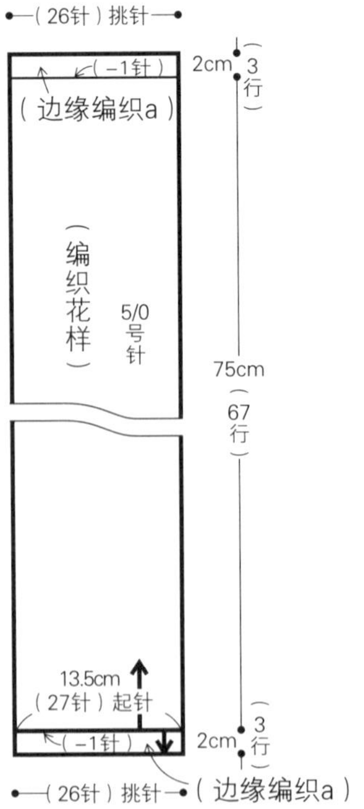

围巾 编织花样

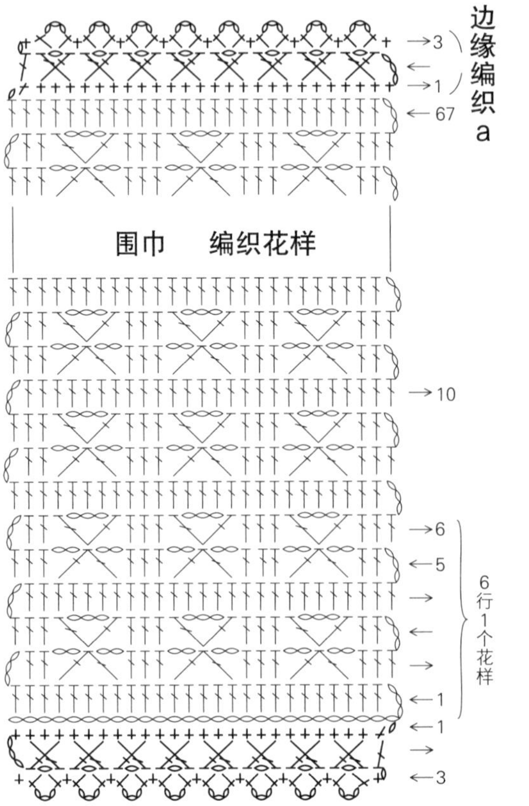

a 小花发圈 4/0号针

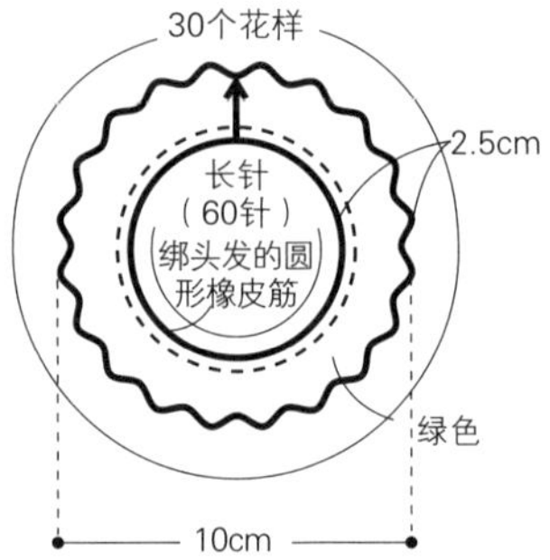

b 发圈 5/0号针 粉色

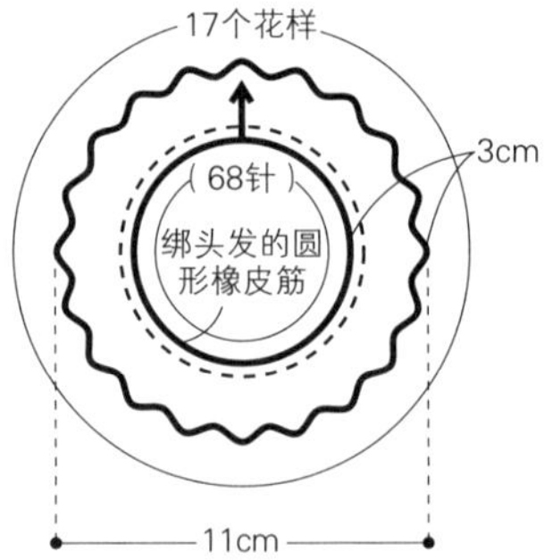

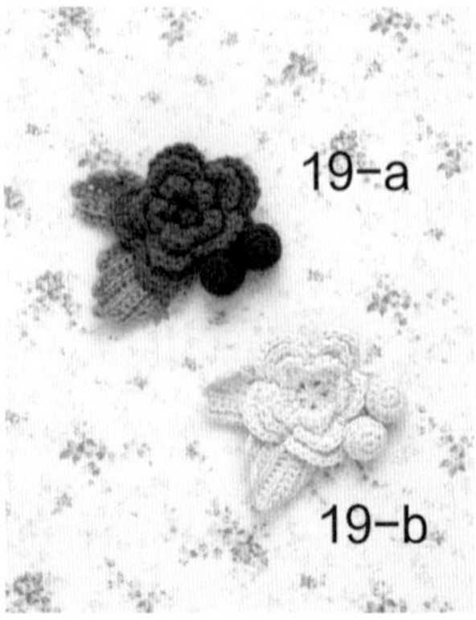

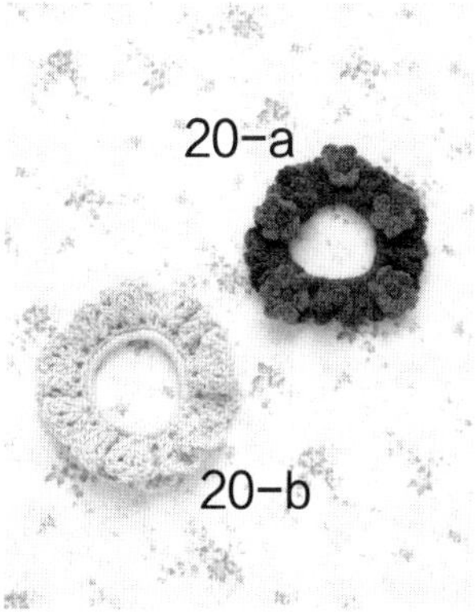

19、20

page21

90~110cm

●材料

线…和麻纳卡 19-a 斐尔拉迪50 玫瑰色(93)8g，黄绿色(13)、红色(21)各4g，各1团
19-b 考腾彩色贝贝 粉色(91)8g，淡绿色(94)、奶油色(93)各4g，各1团
20-a 艺丝羊毛(FL)绿色(220)8g、樱桃红色(214)5g，各1团
20-b 考腾彩色工艺 肉粉色(44) 10g，1团
配件…19 宽3cm胸花底盘；20 圆形橡皮筋
针…钩针 19 5/0号；20 4/0号、5/0号

●成品尺寸

参照图示

●密度

10cm×10cm面积内：编织花样A 3.25个花样，11.5行

●编织要点

19 胸花a、b编织方法相同，只是改变底色线和配色线。花瓣、果实、底座如图所示环形起针钩织。叶子是从正面半针挑针钩织短针的条纹针。组合方法参照图示。

20 发圈a、b都是在圆形橡皮筋上钩织。发圈a的花瓣钩织5片，然后在指定位置和主体缝合。

20 发圈

a 主体 绿色

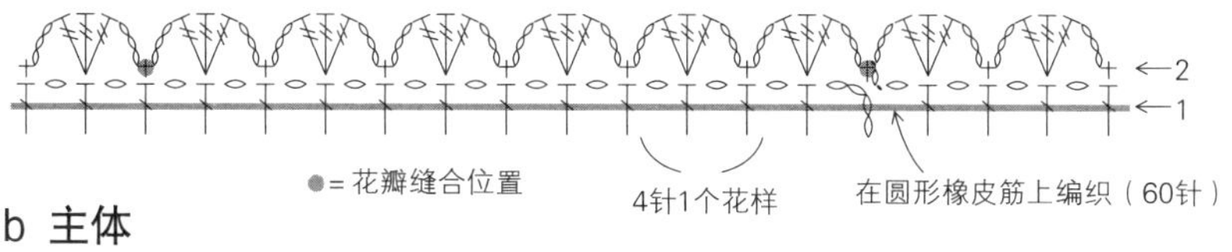

花瓣 5枚 4/0号针

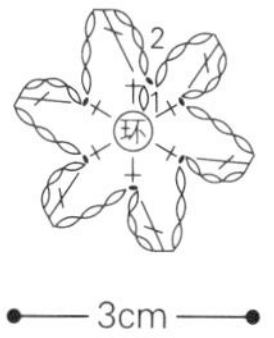

配色

第2行	樱桃红色
第1行	绿色

b 主体

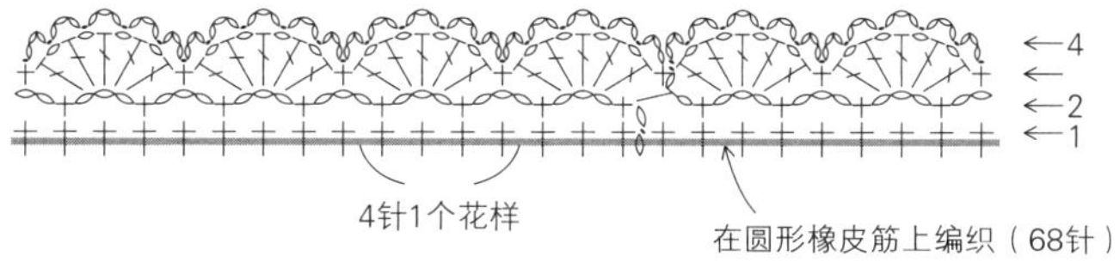

19 胸花

花瓣 1片 5/0号针

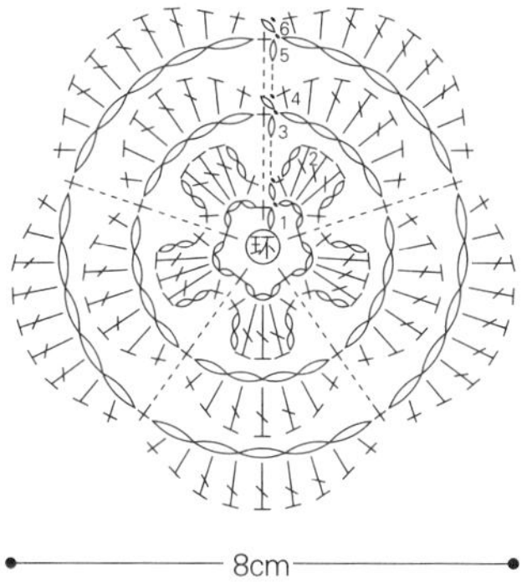

大叶 1片 5/0号针

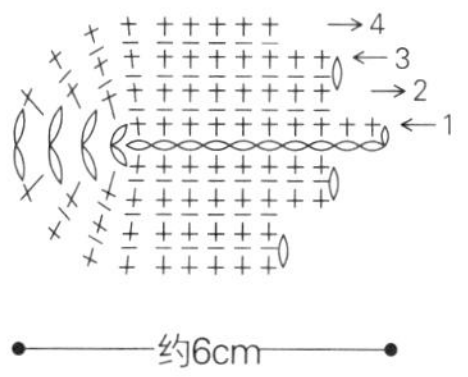

小叶 1片 5/0号针

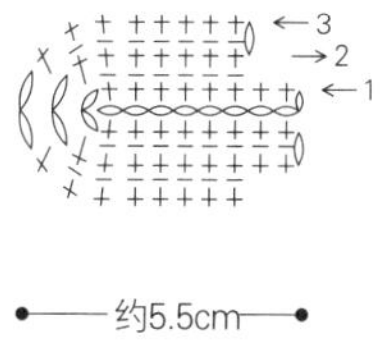

果实 2个 5/0号针

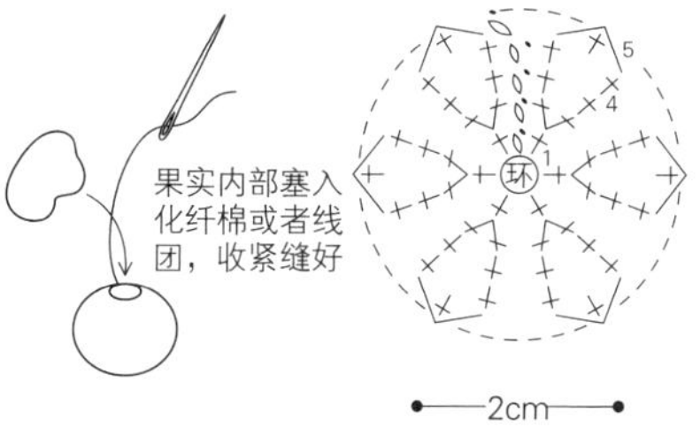

底垫 1片 5/0号针

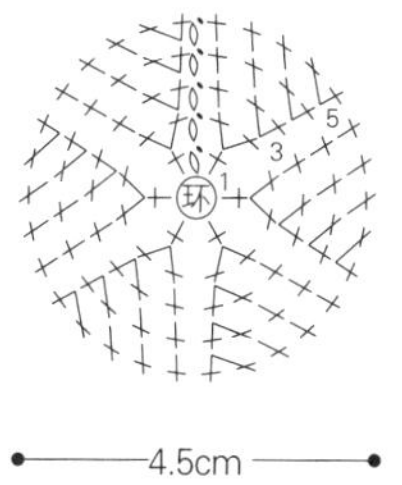

组合方法

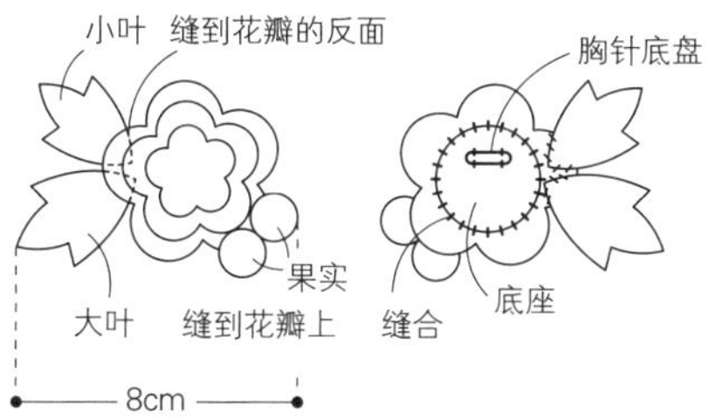

配色

	a	b
花 底座	玫瑰色	粉色
叶子	黄绿色	淡绿色
果实	红色	奶油色

加针方法

果实

第5行	6针	(-6针)
第4行	12针	
第3行	12针	
第2行	12针	(+6针)
第1行	6针	
环形起针行		

底座

第5行	30针	各(+6针)
第4行	24针	
第3行	18针	
第2行	12针	
第1行	6针	
环形起针行		

15
page18
100~110cm

●材料

线…和麻纳卡 雅赛贝他其 粗花呢 **短裙** 橙色混合(203) 130g，4团；**护腕** 胡萝卜色(3) 40g，1团

配件…宽2.5cm的松紧带长52cm

针…棒针6号、4号，钩针6/0号

●成品尺寸

短裙 臀围50cm，衣长29.5cm

护腕 手腕周长16cm，长23cm

●密度

编织花样A20针，9cm；10cm 内25.5行

●编织要点

短裙 从下摆开始手指挂线起针，环形编织。短裙前后片中央位置做编织花样A，左右交替做编织花样B、C，在编织花样B处减针，一边减针一边仍然继续环形编织，编织终点处编织伏针收针。腰部的松紧带部分编织2行方眼花样，向内折叠，夹入圆形松紧带缝合。下摆一圈钩织1行反短针。

护腕 和短裙以同样要领环形起针。整体编织单罗纹针，外侧用编织花样B环形编织，编织终点处编织伏针收针。第2只用同样的方法编织。

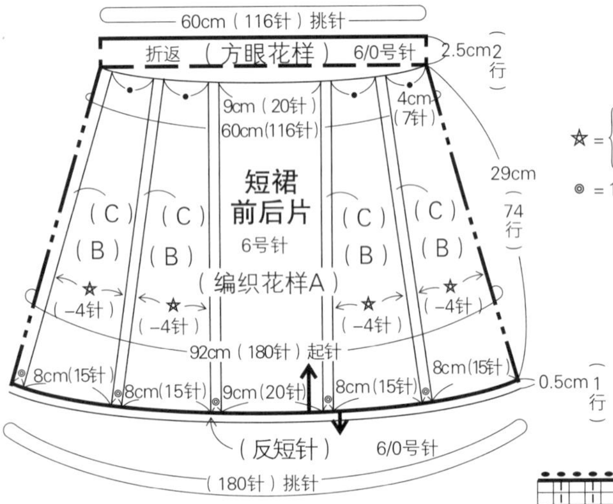

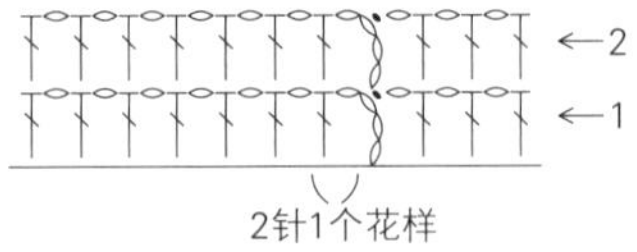

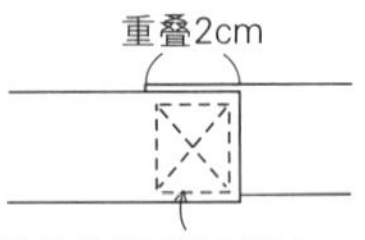

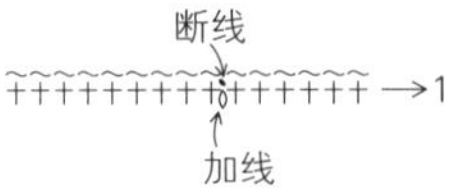

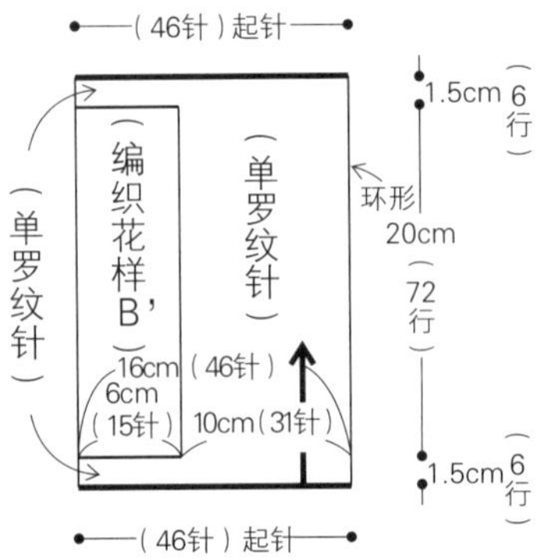

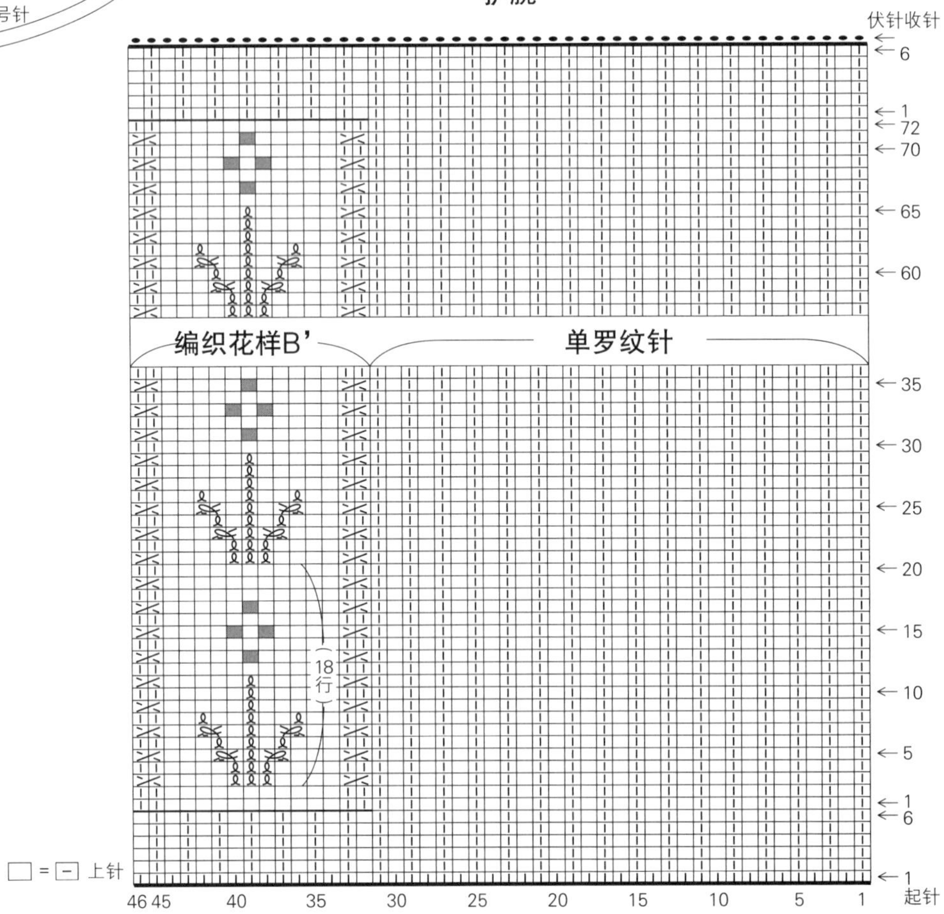

编织花样

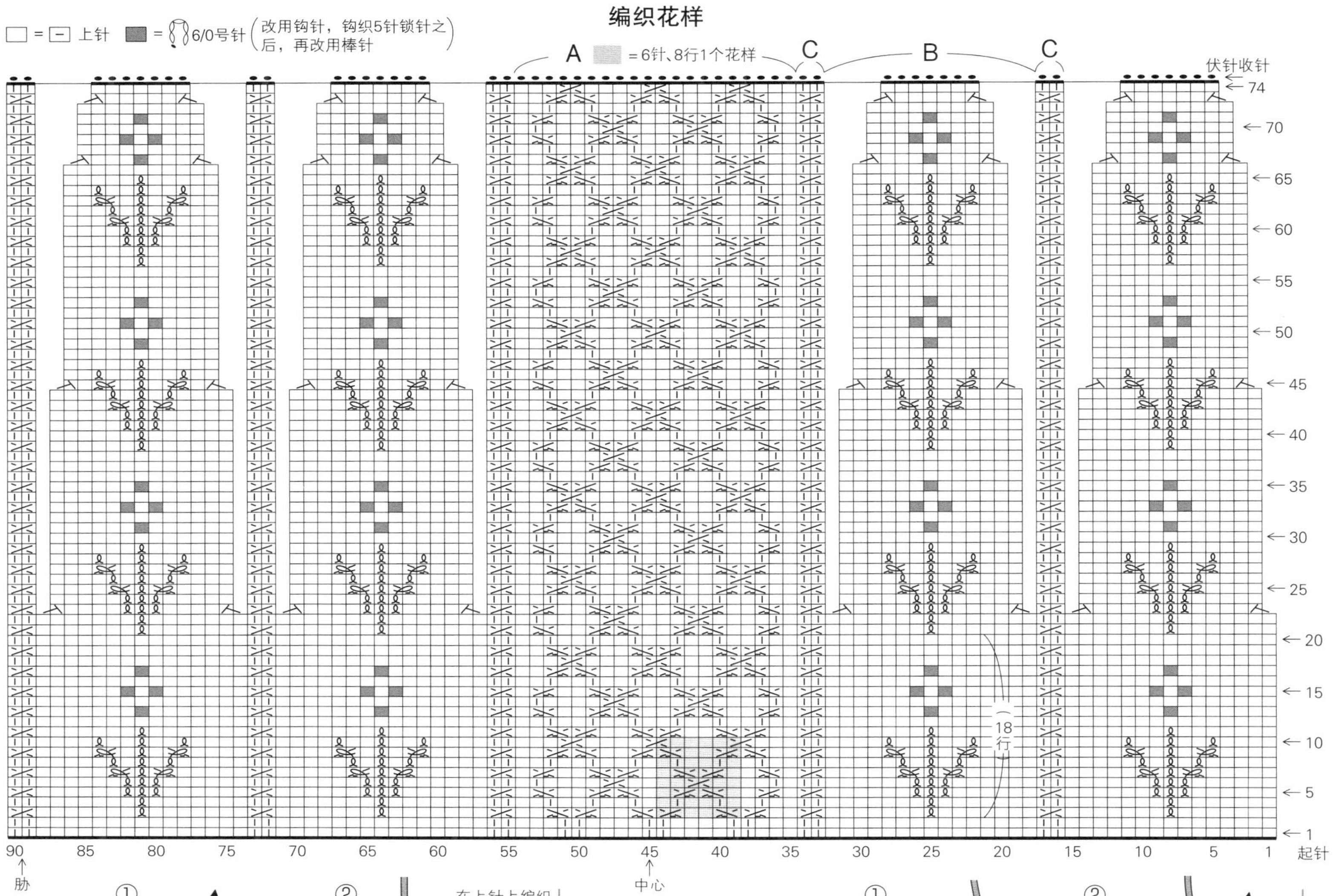

●右上1针扭针交叉

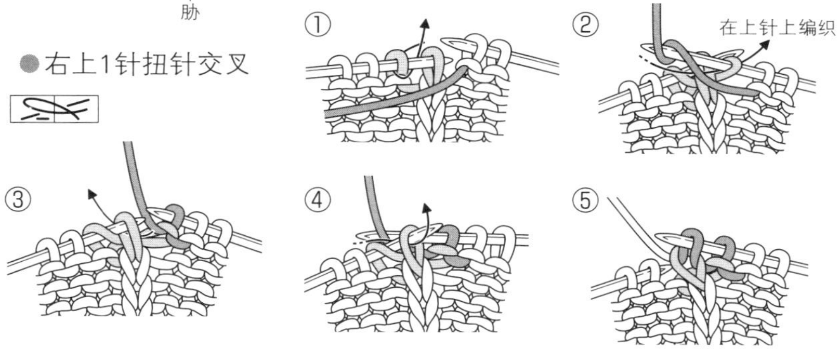

●左上1针扭针交叉

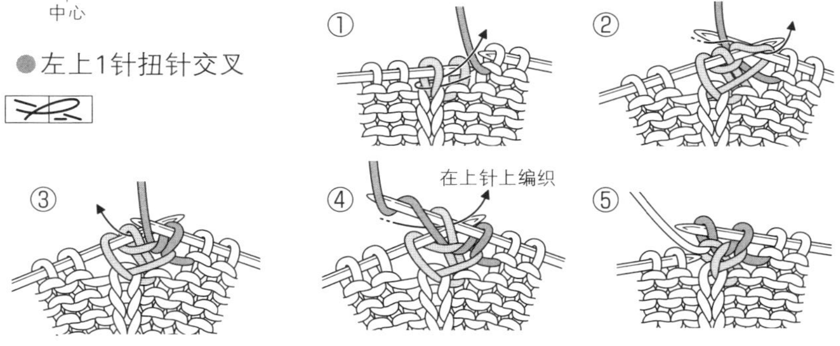

16
page19
100~110cm

●**材料**

线…和麻纳卡 斐尔拉迪50 芥末黄色(98)(短裙130g,小挎包20g) 150g/4团;绿色(89)、茶色(39)(短裙25g,小挎包5g)各30g,各1团

配件…直径13mm的纽扣1颗

针…钩针5/0号

●**成品尺寸**

短裙 臀围50cm,裙长29cm

小挎包 宽13cm,深9cm

●**密度**

10cm×10cm面积内:编织花样A3.25个花样,11.5行

●**编织要点**

短裙 在方眼花样变化处锁针起针,环形钩织,挑起锁针的半针开始钩织。钩织20行编织花样A,钩织12行编织花样B。腰部侧面挑起锁针的半针和里山,钩织1行方眼花样。如图所示,将系绳通过方眼花样。

小挎包 在锁针的半针处挑针,开始钩织10行条纹花样C,钩织同样的2片。两片反面相对,对齐后用芥末黄色线以卷针缝缝合。制作系绳,如图所示以藏针缝固定,缝上纽扣。

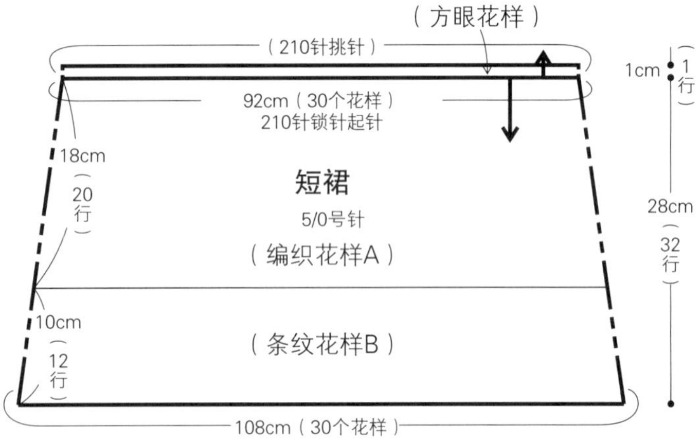

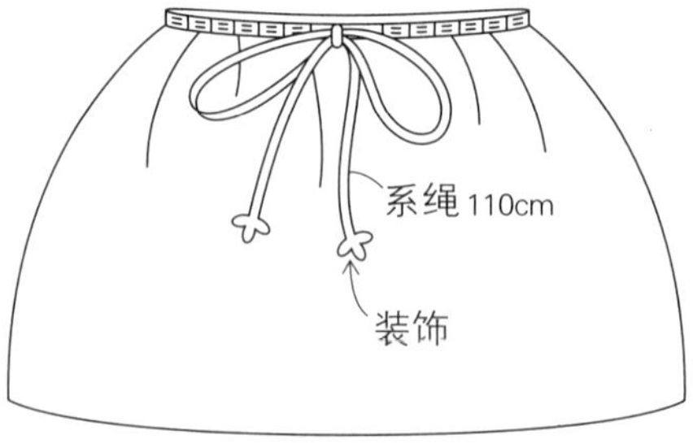

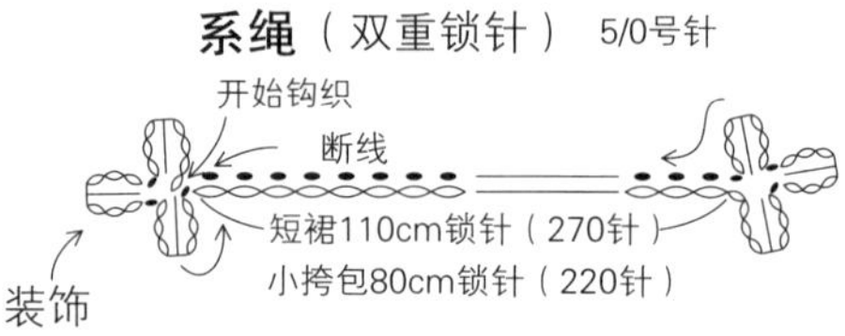

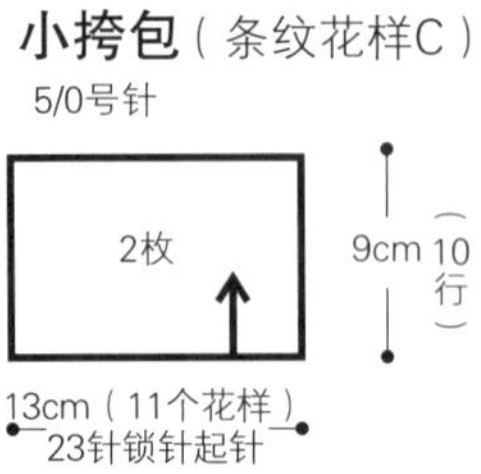

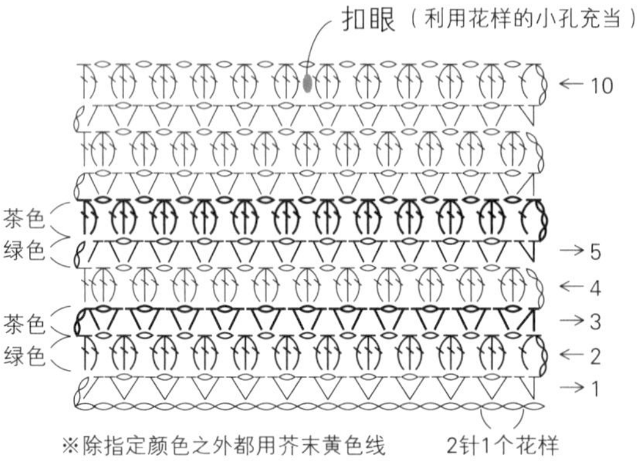

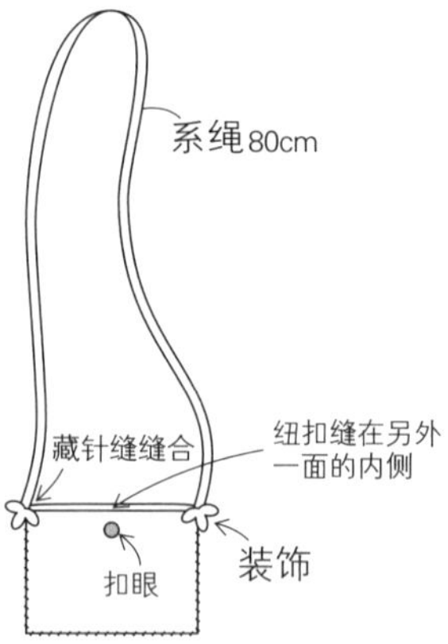

●3针长针的枣形针

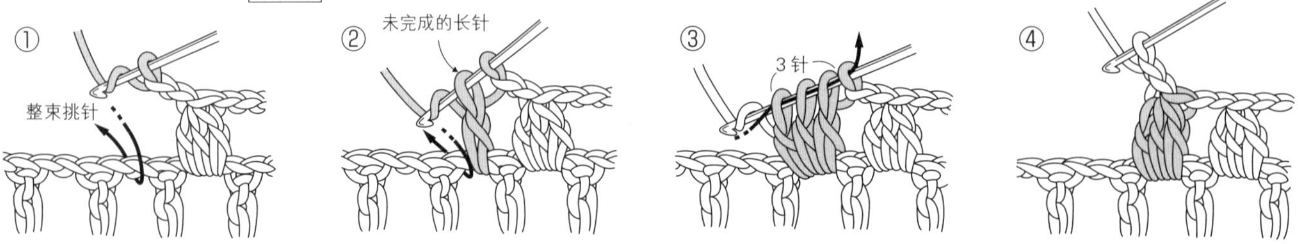

短裙

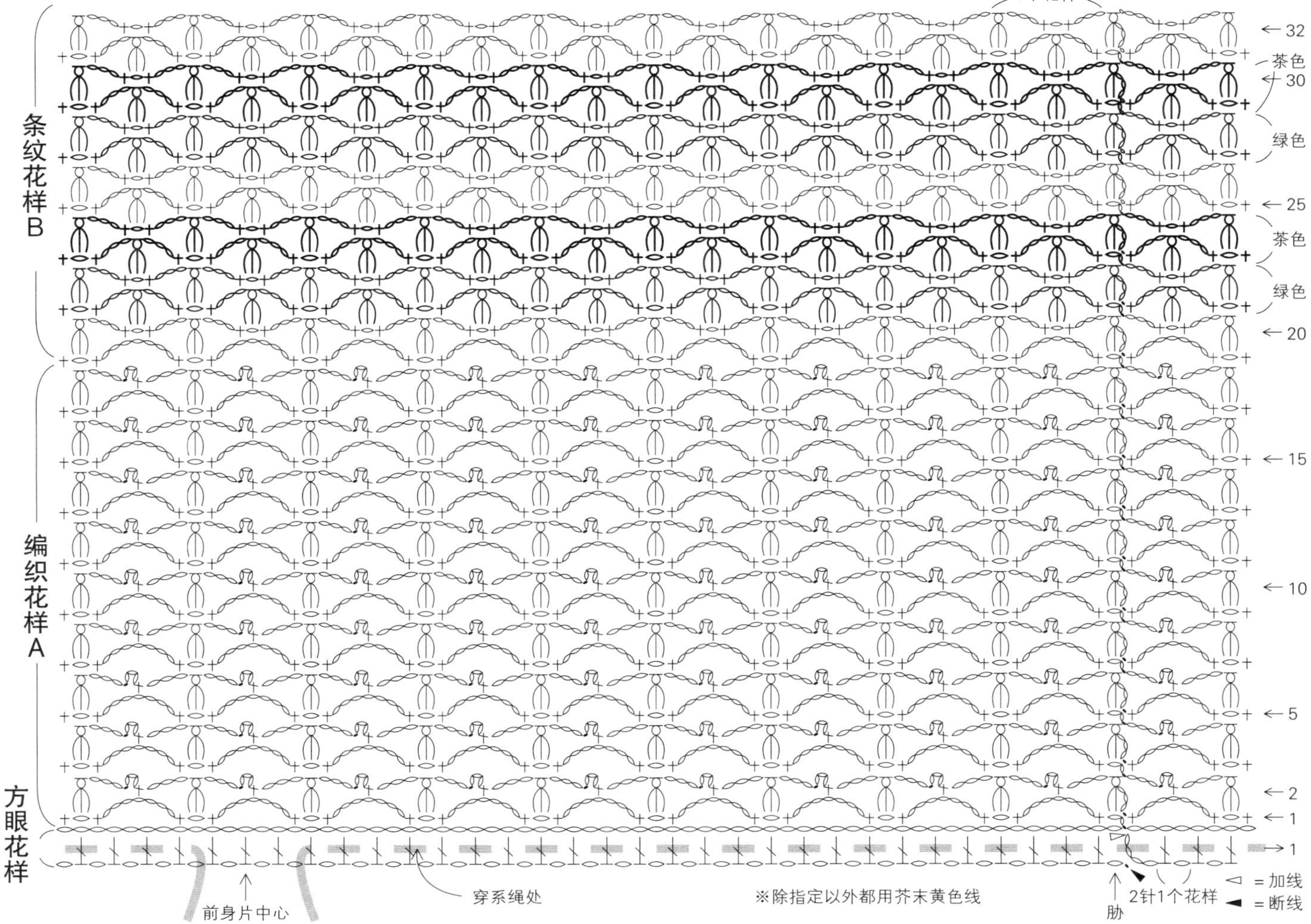

● 变形的中长针的枣形针

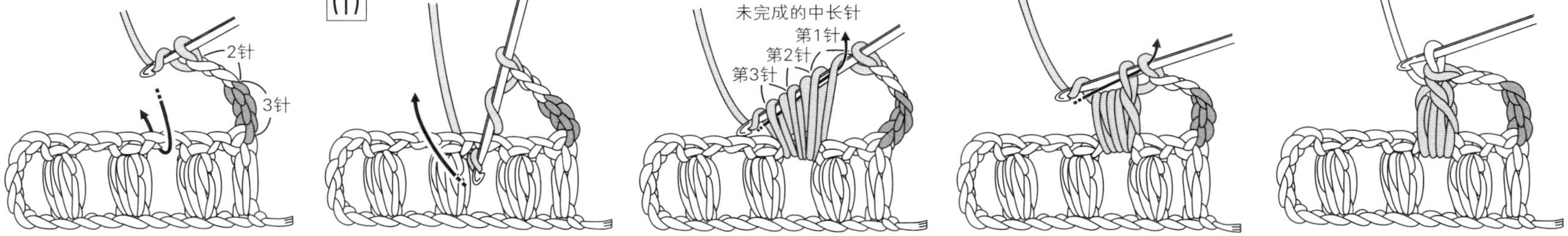

17、18
page20
母女款

●材料

线…和麻纳卡 无比大 17 米色（103）130g，3团；红豆色（105）100g，2团；红色（112）50g，1团

18 红色（112）40g、米色（103）30g，各1团

针…钩针7mm

●成品尺寸

17 内侧直径26cm，宽4cm，提手长36cm

18 外侧直径17cm，内侧直径12.5cm，提手长82cm

●编织要点

大手袋(17) 正面环形起针开始钩织。在前两行的短针尾部挑针，钩织短针的反拉针。从第10行开始从6个编织花样增加到9个编织花样。背面环形钩织14行，侧面向另一侧挑针钩织。在正面第18行的内侧缝合侧边。提手在正面和背面的内侧缝合。

小手袋(18) 正面钩织9行，背面钩织7行。两片反面相对，在正面的第8行和背面对开口部分以卷针缝缝合。提手钩织引拔针的双重锁针制作，在指定位置缝合。系绳用红色线钩织锁针，制作2根，在内侧缝合固定。

18 小手袋

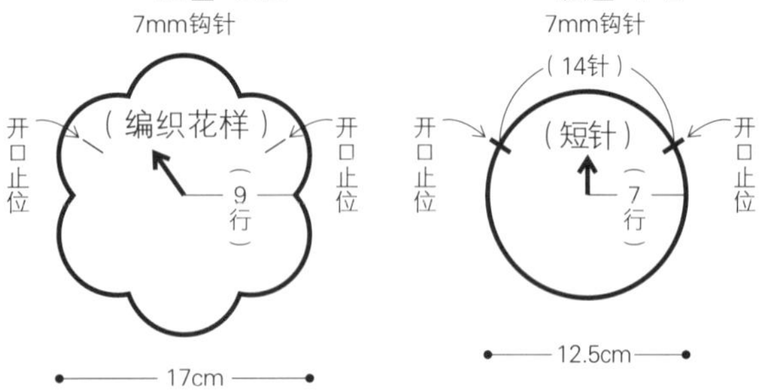

提手（双重锁针）7mm钩针 米色

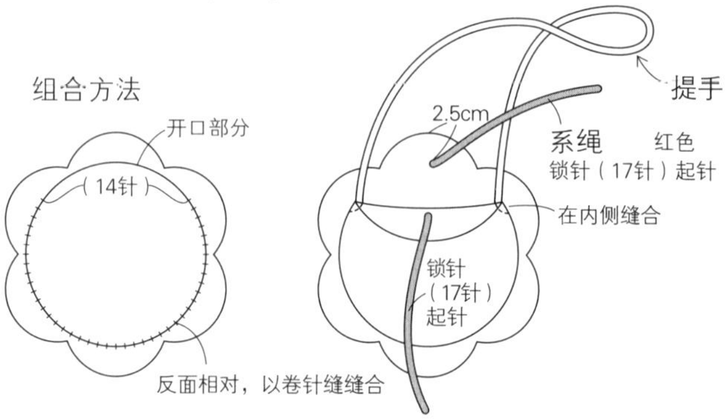

手袋 正面
编织花样

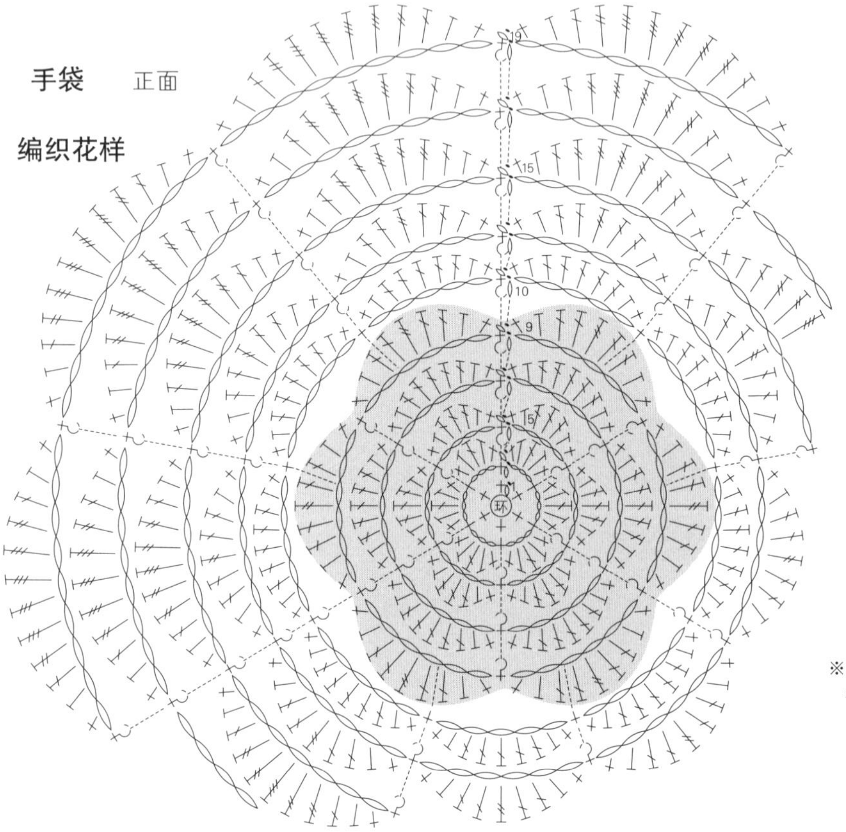

配色（大手袋）

行数	颜色
19	红豆色
18	
17	红色
16	
15	红豆色
14	
13	红色
12	
11	红豆色
10	
1~9	

※小手袋 部分采用红色线钩织到第9行

●短针的反拉针

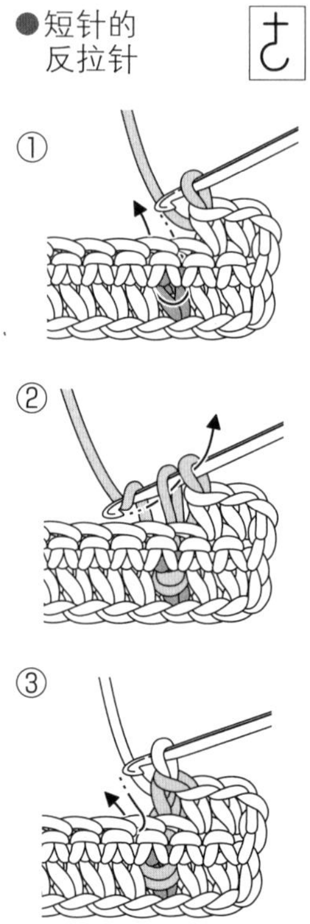

17 大手袋

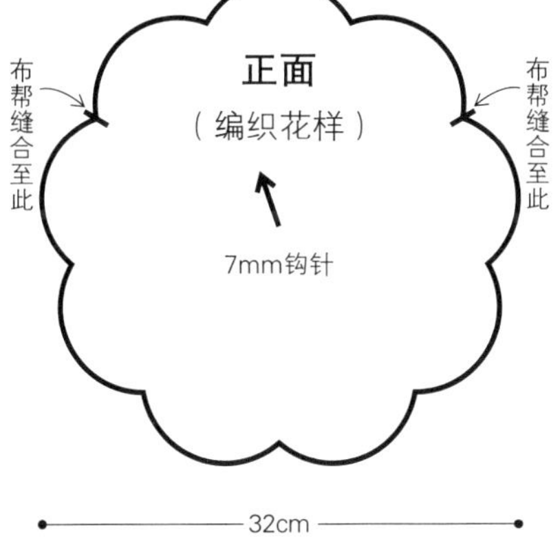

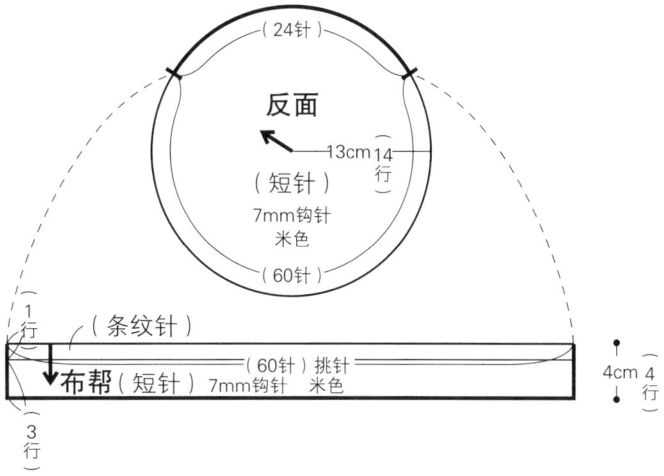

组合方法

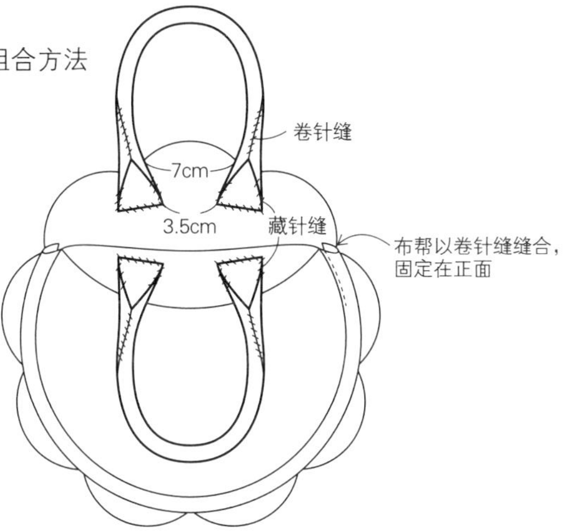

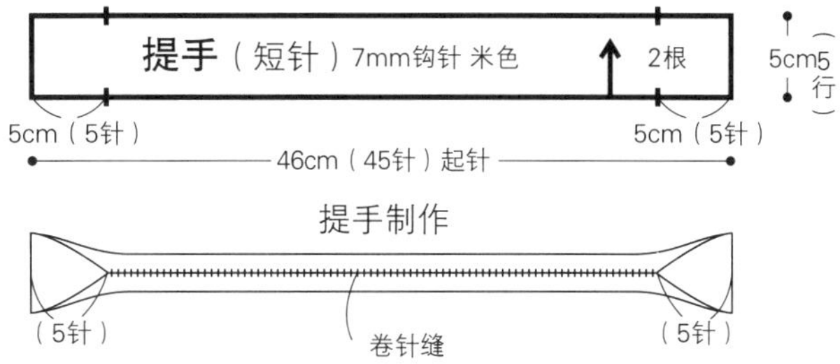

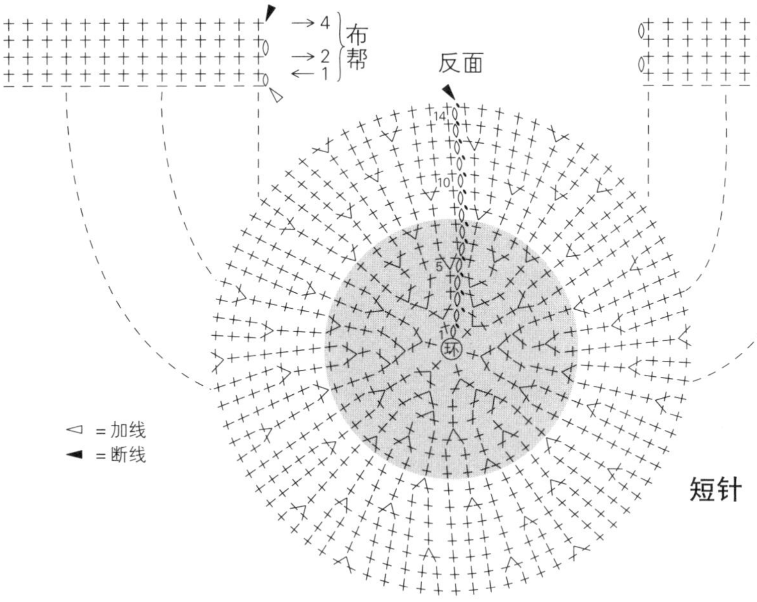

加针方法

行数	针数
14	84针
13	78针
12	72针
11	66针
10	60针
9	54针
8	48针
7	42针
6	36针
5	30针
4	24针
3	18针
2	12针
1	6针
环形起针位置	

大手袋（1～14行）

小手袋（1～7行）

各（+6针）

21、22

page22、23

110
(90)cm

●材料

线…和麻纳卡 瓦帕曲 丹妮斯 110cm 米色(55) 240g，5团 90cm 亮灰色(34) 200g，4团

配件…直径15mm的纽扣6颗

针…棒针6号、4号

●成品尺寸

110cm 胸围75.5cm，肩宽27cm，衣长38cm，袖长34cm

90cm 胸围67.5cm，肩宽24cm，衣长35cm，袖长29.5cm

●密度

10cm×10cm面积内：下针编织20针，28.5行，编织花样A32针，10.5cm；10cm 内28.5行

●编织要点

后身片 从下摆开始手指挂线起针，做编织花样A，渡线编织扭加针。肩部休针。

前身片 编织左右对称的2片。

衣袖 袖下加针时，在1针内侧编织扭加针，袖山减针时，左右对称交互编织伏针减针。

组合 肩部正面相对，对齐后盖针钉缝，胁和袖下挑针接缝。衣领、前门襟挑针编织，编织终点处编织伏针收针。衣袖与前、后身片挑针接缝。

标注尺寸的细字＝110cm、通用
标注尺寸的**粗字**＝90cm

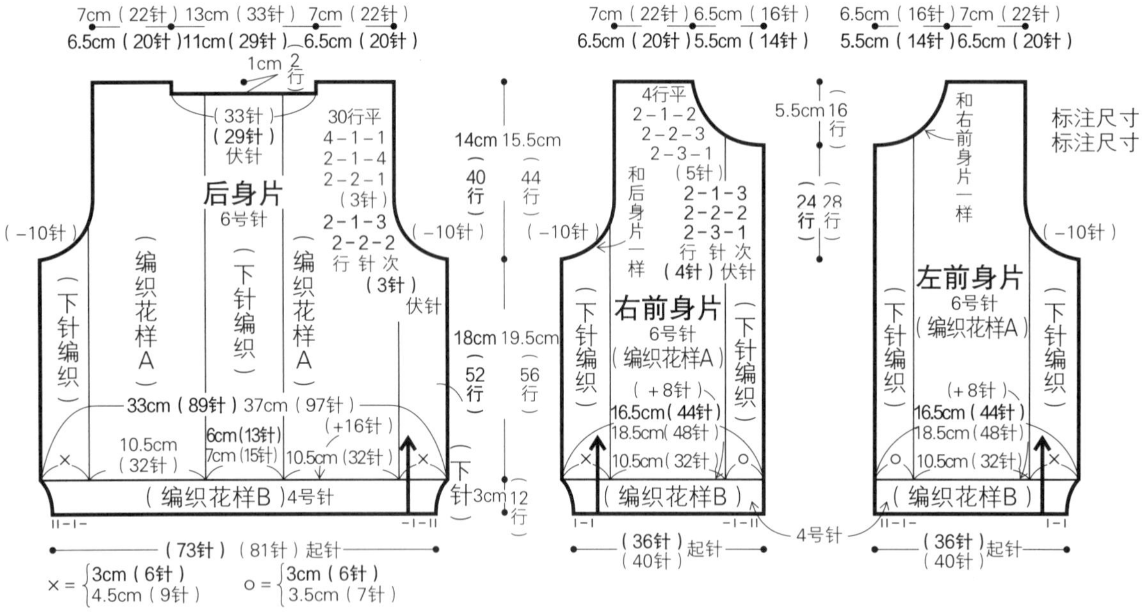

衣领、前门襟（起伏针） 4号针

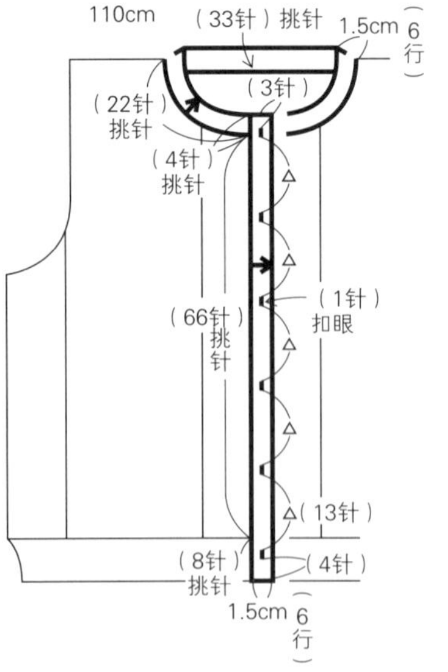

衣领、前门襟（单罗纹针） 4号针

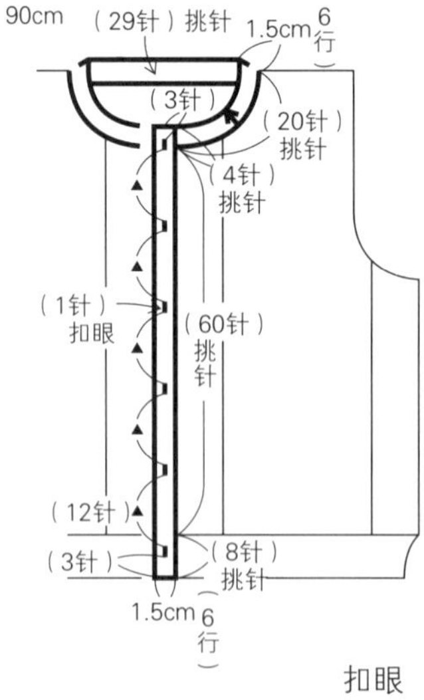

扣眼 110cm（右前门襟） 90cm（左前门襟）

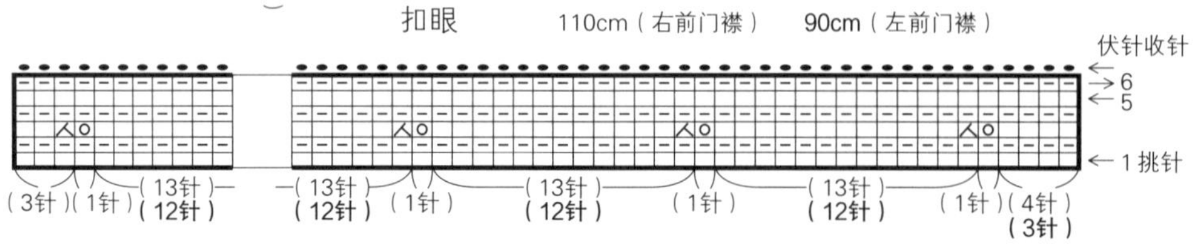

后身片 110cm 90cm

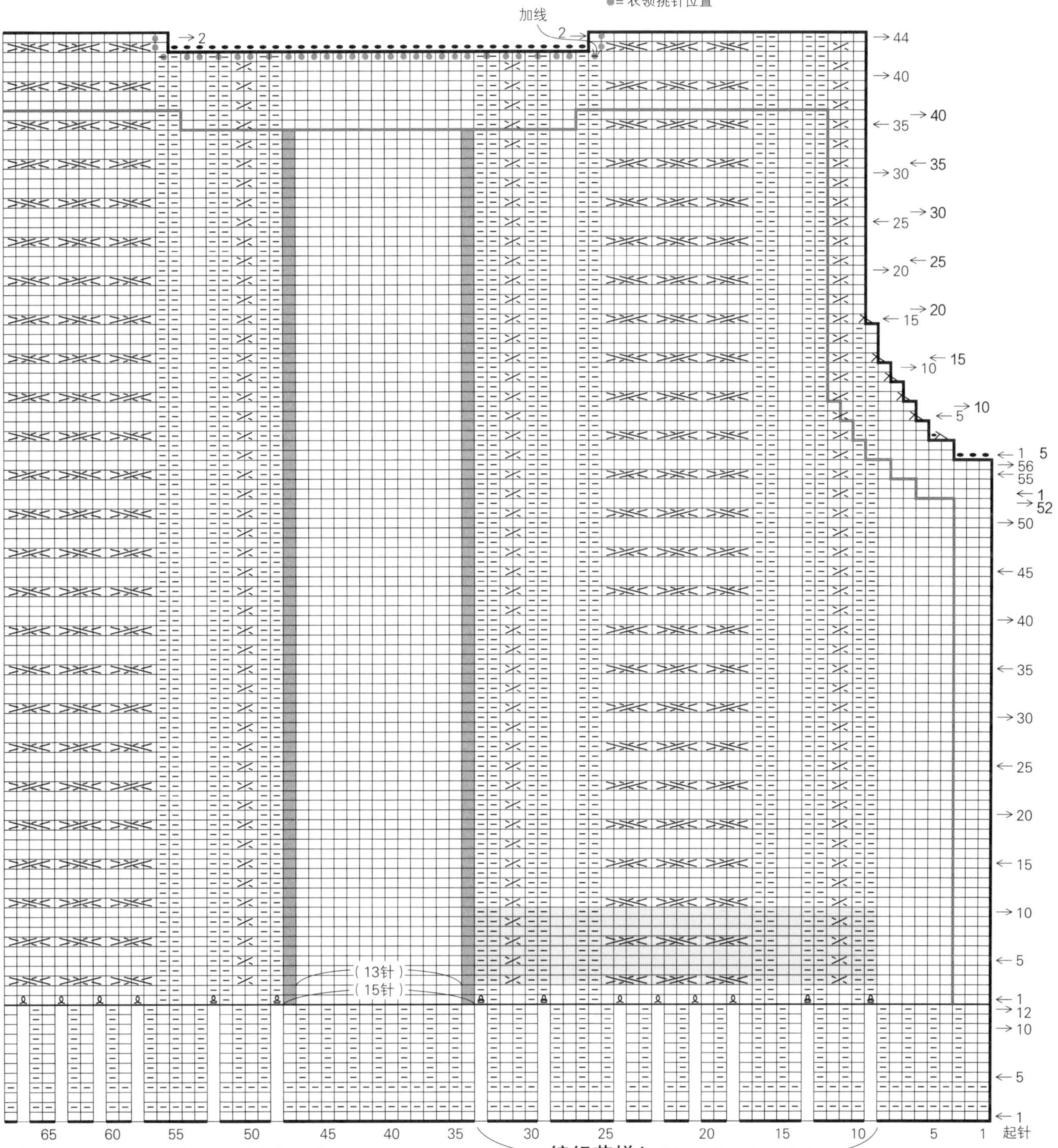

□ = [I] 下针 ※ ▇ = 90cm这部分不用编织

编织花样A ▒ =32针、8行1个花样

※90cm伏针收针符号（●）、减针符号（入）省略

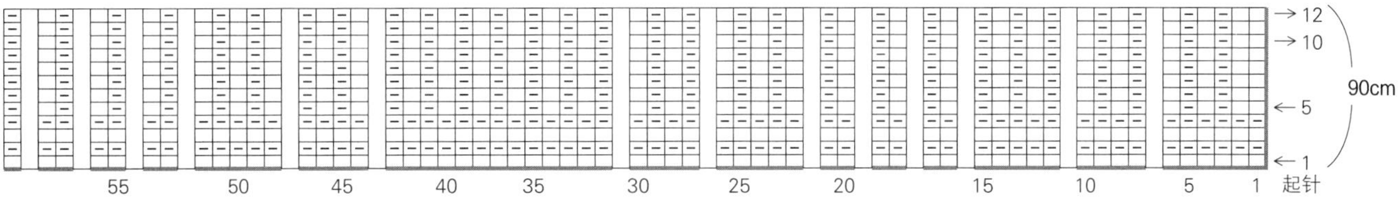

右前身片 110cm 90cm

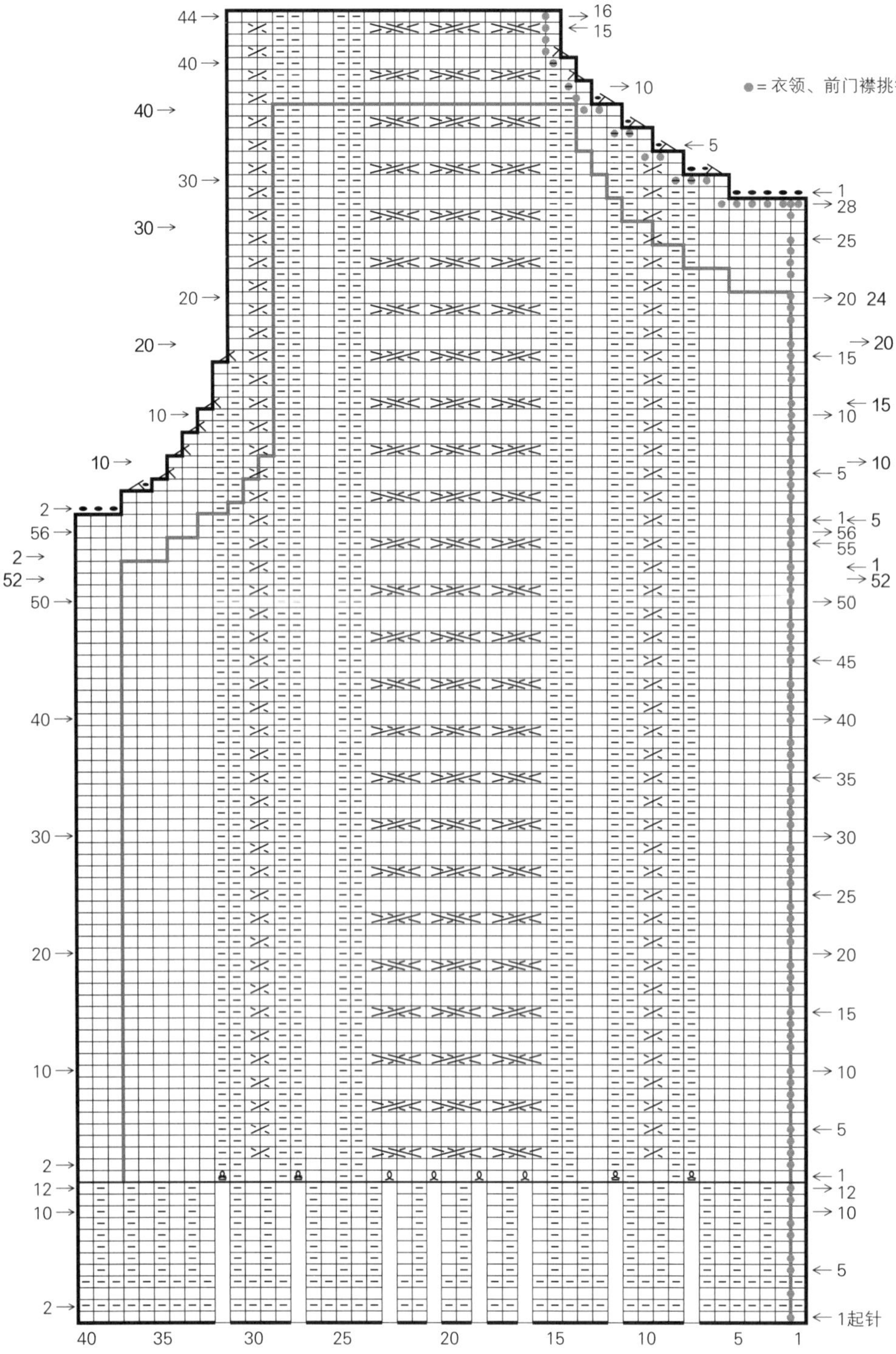

左前身片 110cm 90cm

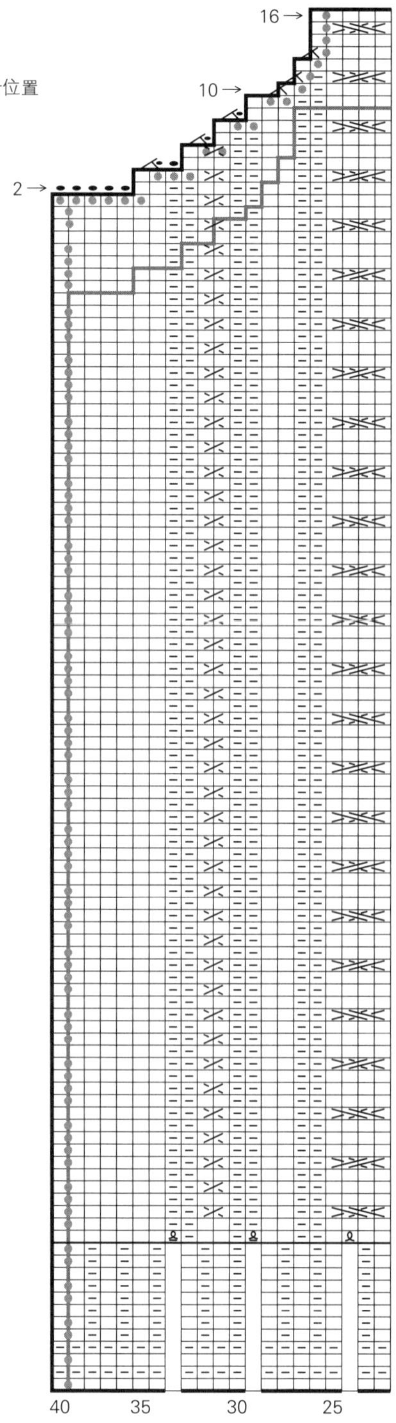

●＝衣领、前门襟挑针位置

※90cm伏针收针符号（●）、减针符号（⋌、⋋）省略

90cm

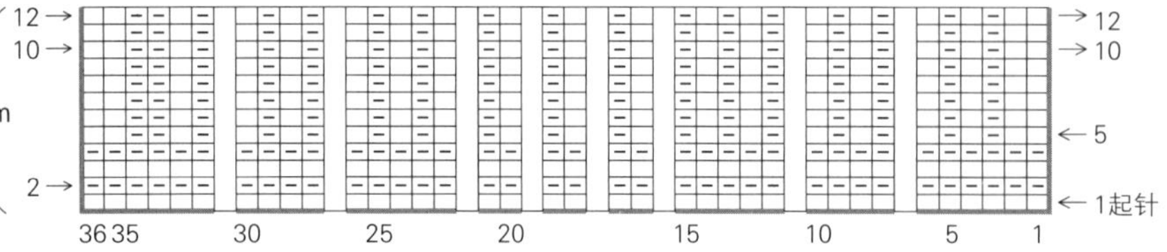

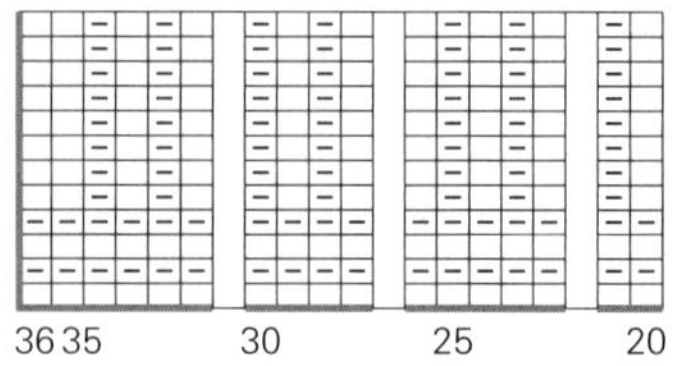

衣袖 110cm 90cm

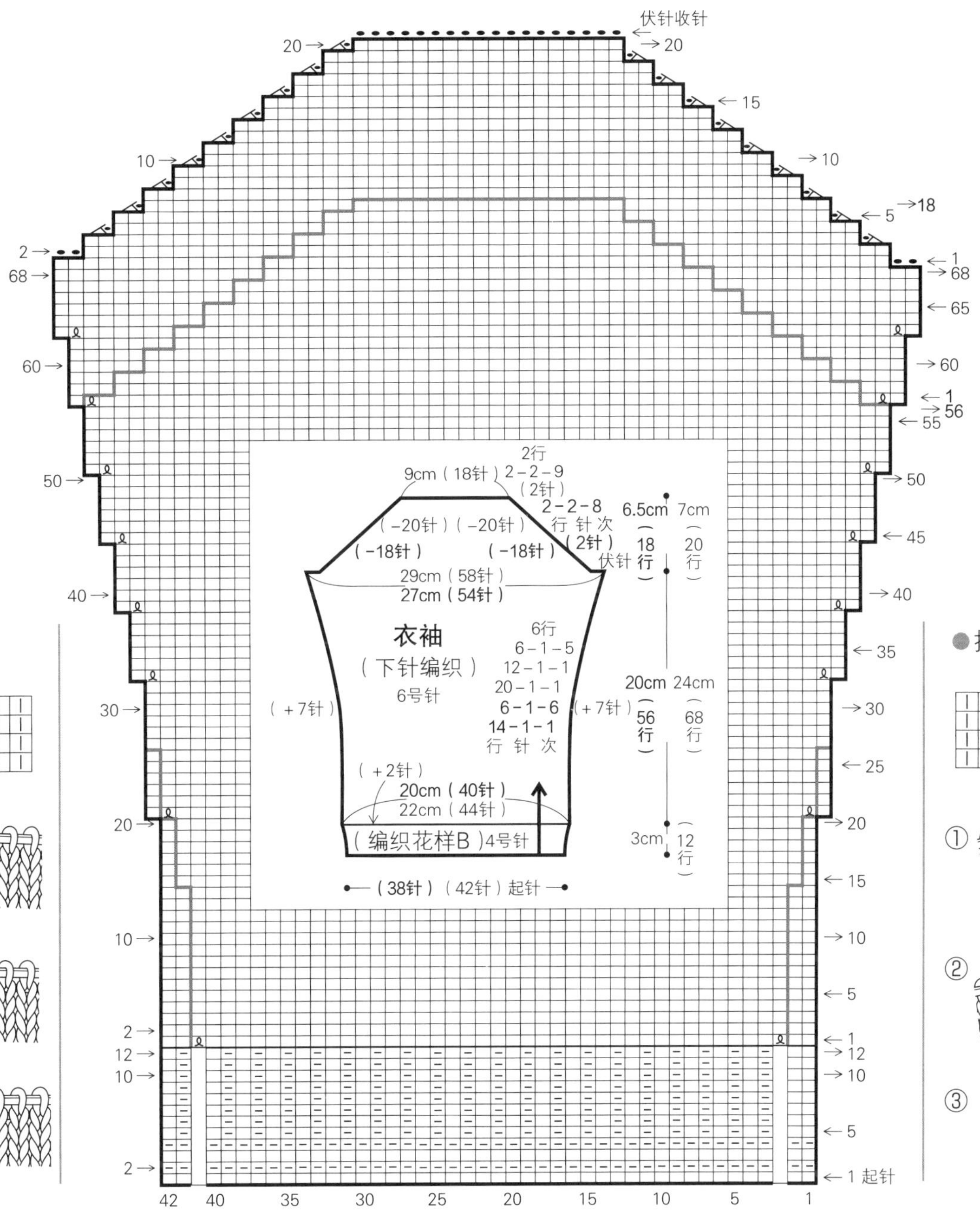

●扭加针

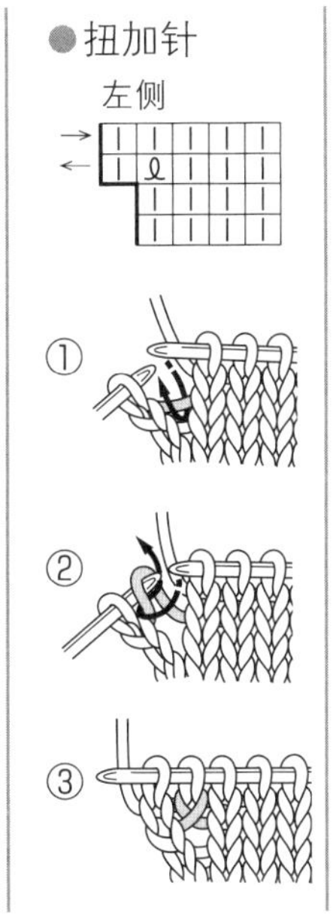

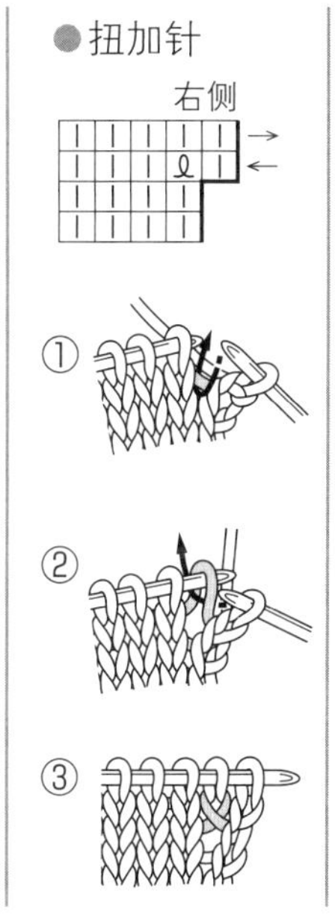

※90cm加针符号（ ）、伏针收针符号（ ）省略

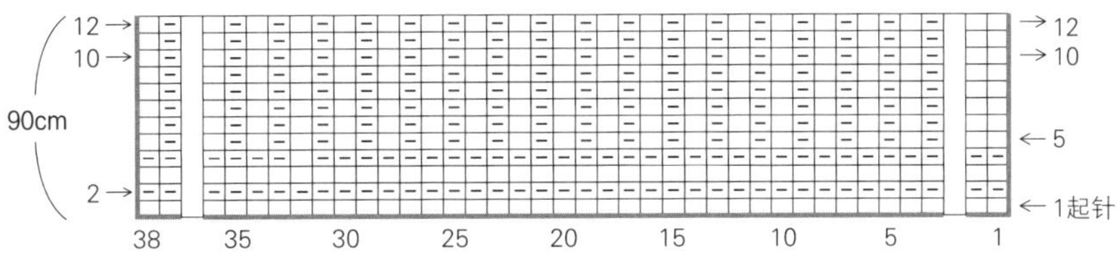

23
page24
90cm

●**材料**
线…和麻纳卡 瓦帕曲 丹妮斯 红色(38) 80g、藏蓝色75g，各2团
配件…直径20mm的纽扣3颗
针…棒针6号、5号
●**成品尺寸**
衣长32cm，连肩袖长39.5cm
●**密度**
10cm×10cm面积内：下针编织18针，25行
●**编织要点**
后身片 从下摆开始手指挂线起针，做下针编织，两肋立起侧边1针减针，编织终点处休针。
前身片 起针要领和后身片一样，两肋的3针编织起伏针，起伏针编织的部分从内侧减针。编织4行下针编织，左肋、中央、右肋3片分别编织28行，从第29行开始3片一起编织。前门襟处左右分开编织，中央4针休针。
衣袖 肩部减针时，编织中上3针并1针减针，后面的4针往返编织。
组合 肋挑针接缝，胸前口袋挑针编织，口袋内层要从内侧缝合。衣领、前门襟编织单罗纹针收针。

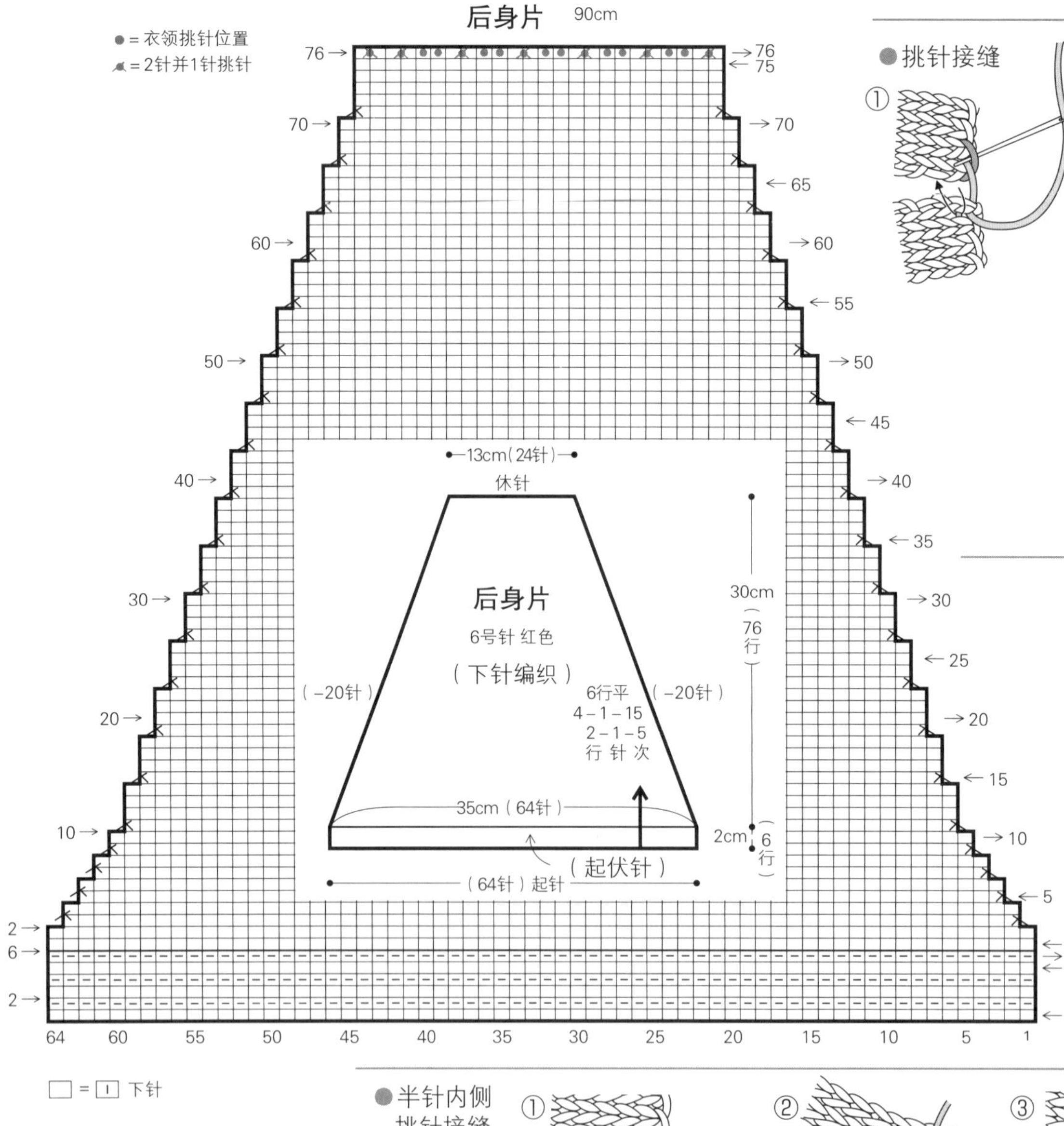

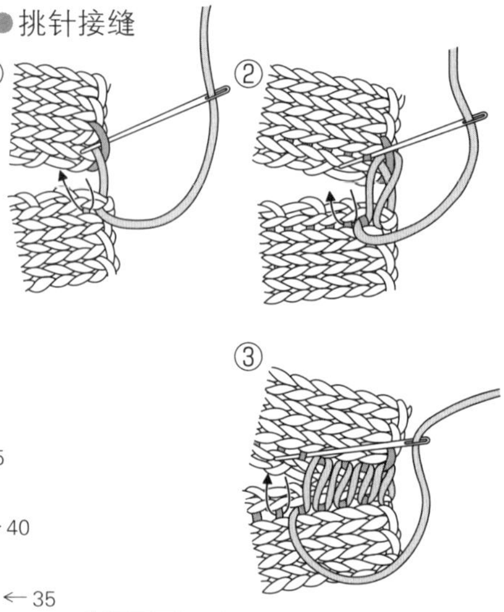

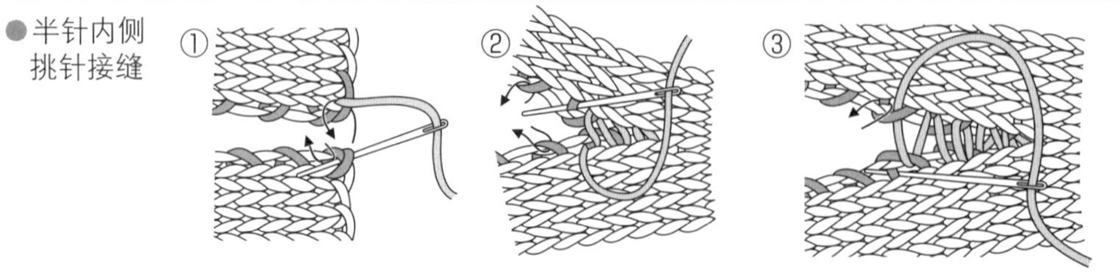

前身片 90cm

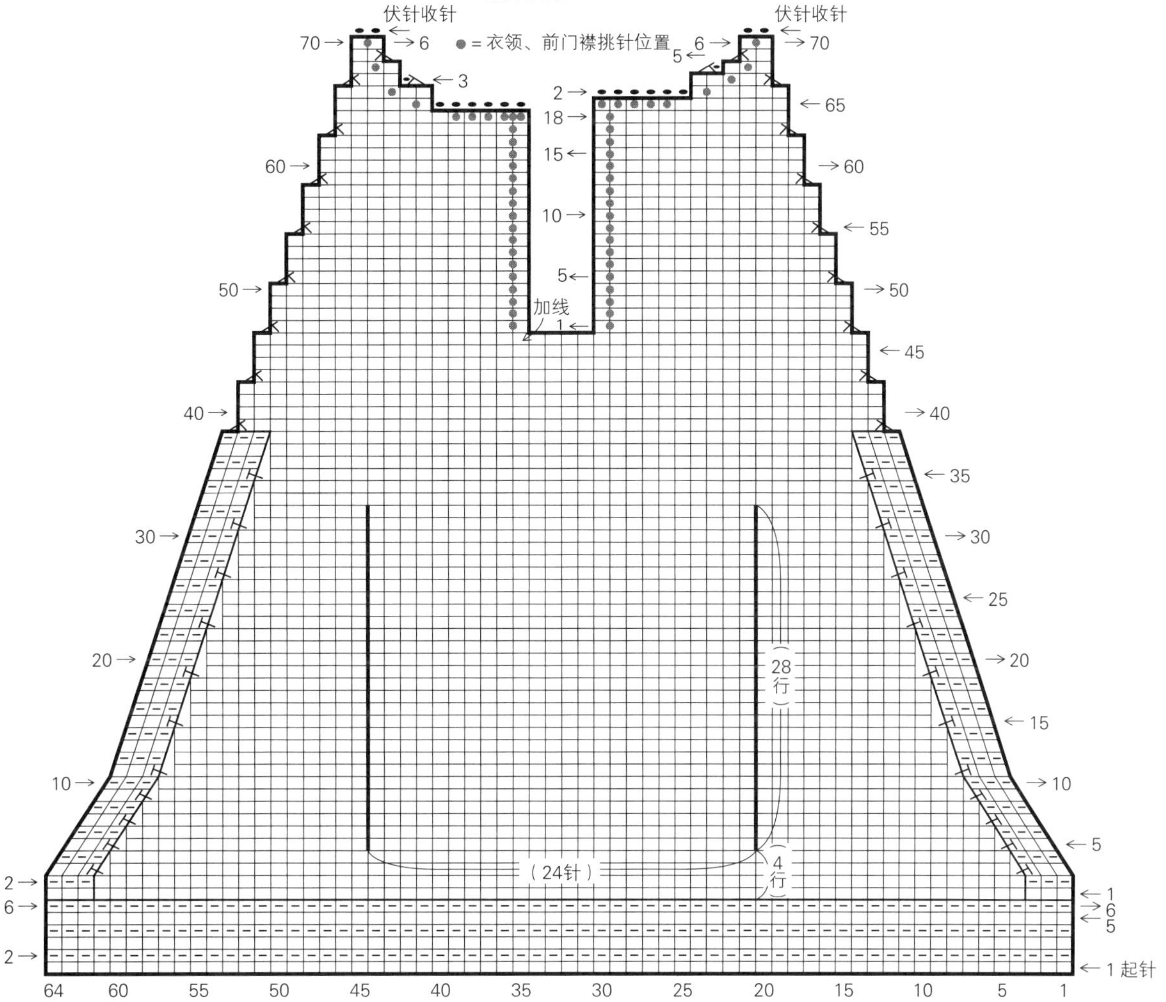

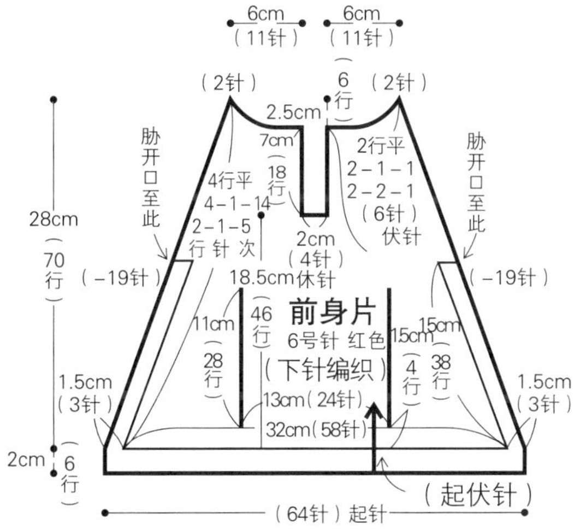

口袋、衣领、前门襟

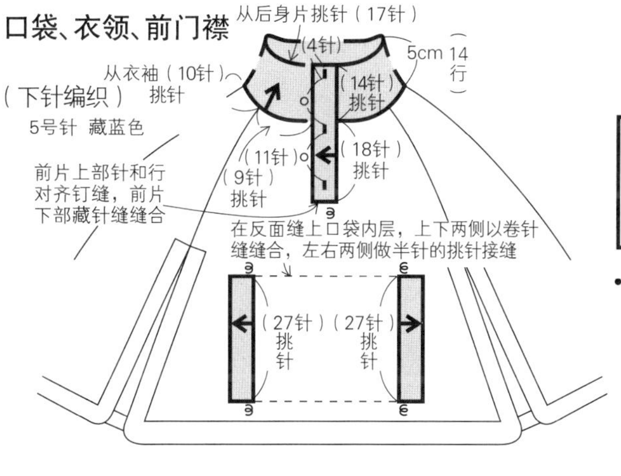

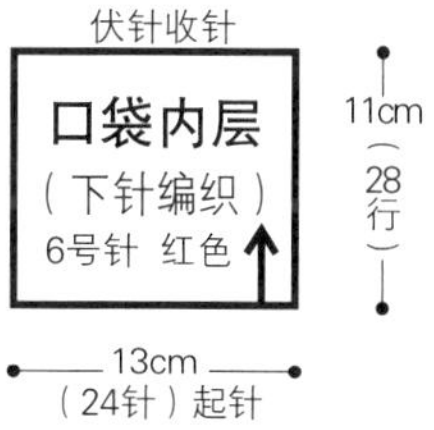

扣眼（左前门襟）

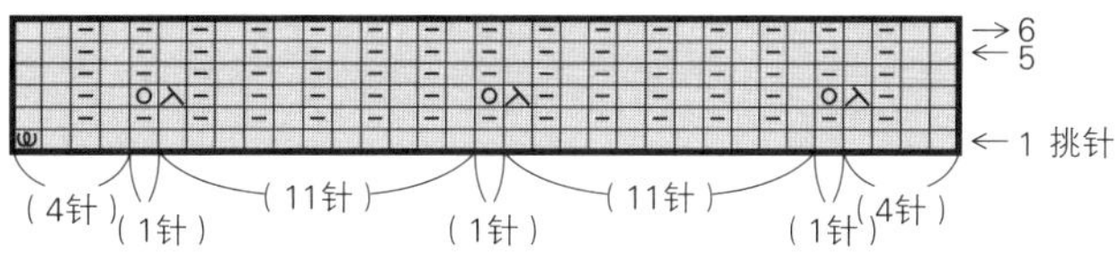

右袖 90cm

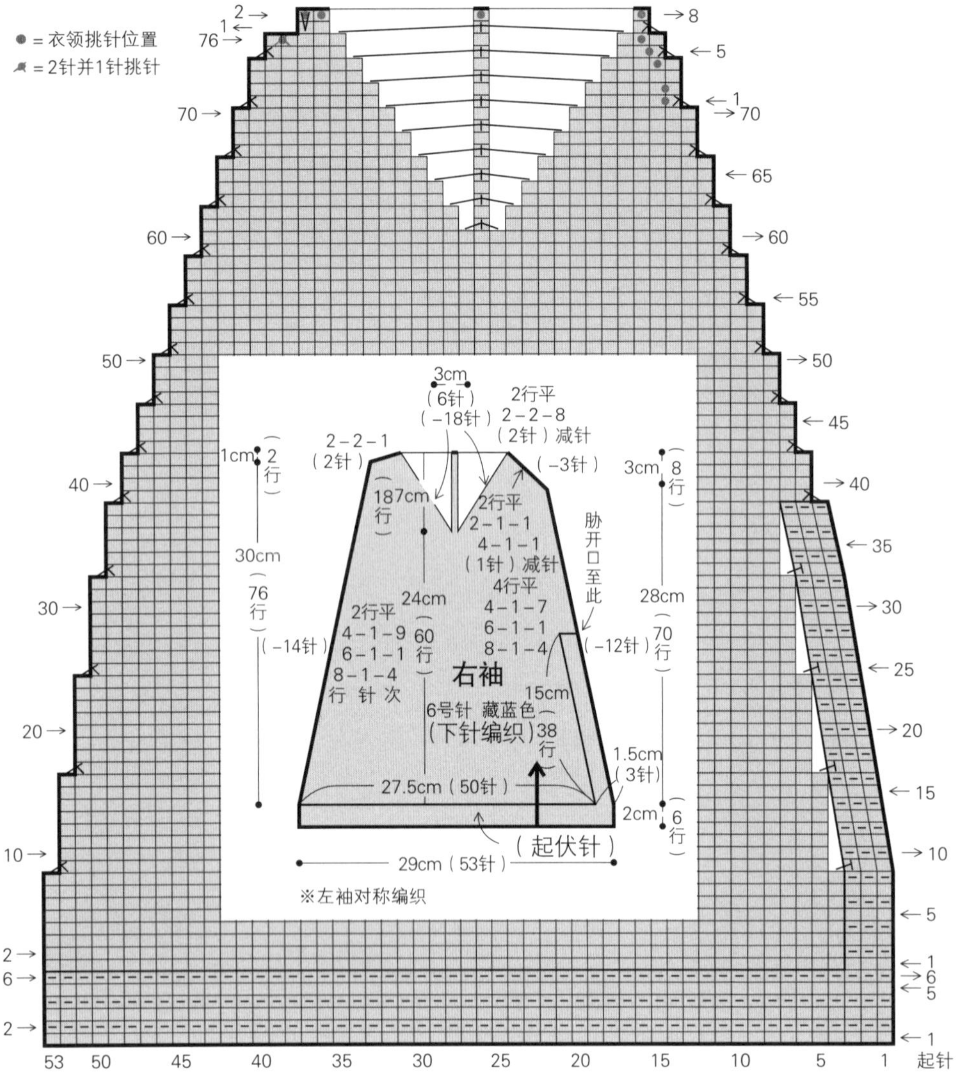

左袖 90cm

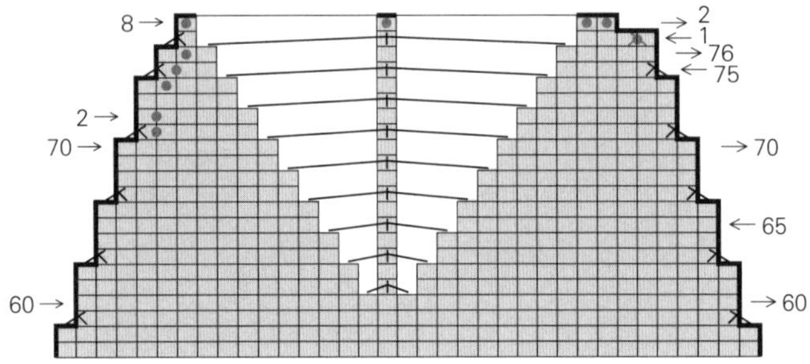

※开衩处的起伏针和右袖对称编织，第70行以下编织要领相同

●单罗纹针收针

①

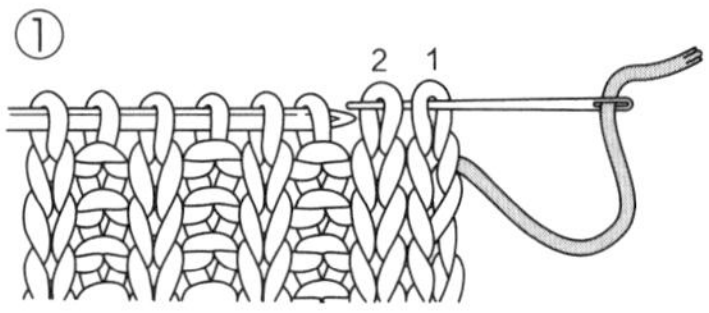

将缝衣针从 1 正面穿入，从 2 正面穿出。

②

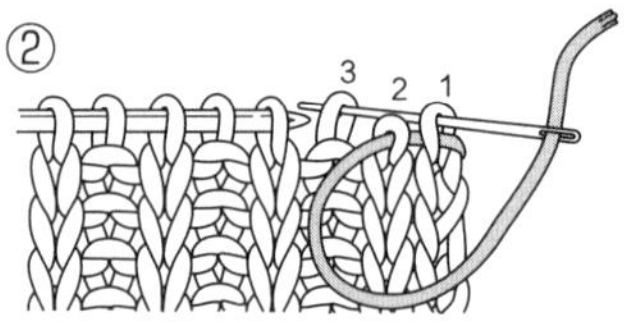

将缝衣针从 1 正面穿入，从 3 反面穿出。

③

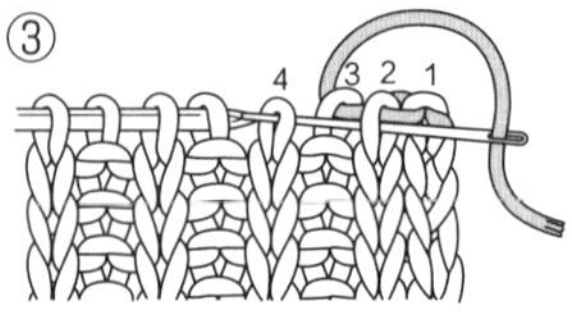

将缝衣针从 2 正面穿入，从 4 正面穿出（下针和下针）。

④

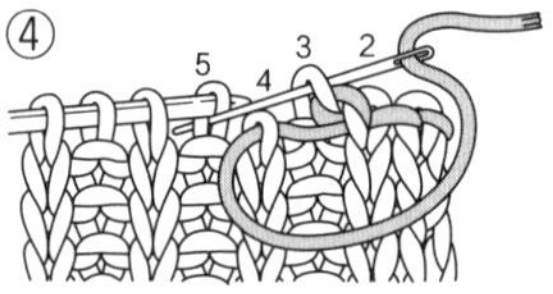

将缝衣针从 3 反面穿入，从 5 反面穿出（上针和上针）。

⑤

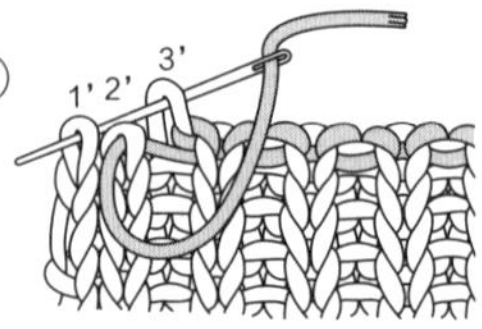

反复操作步骤③、④，至左侧。

⑥

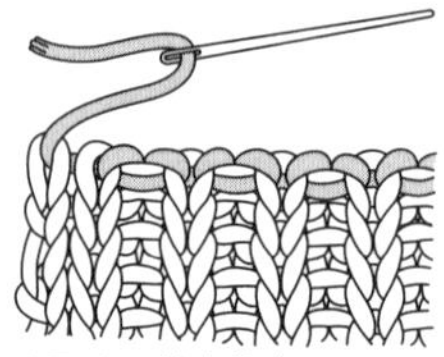

将线从最后 1 针中拉出。

⑦

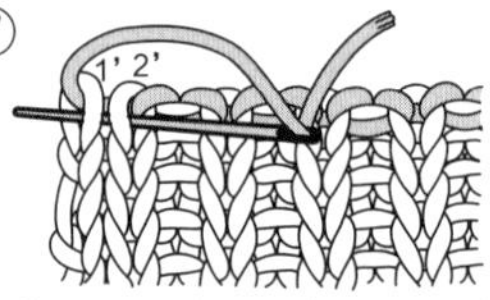

将缝衣针从 2' 正面穿入，从 1' 正面穿出（下针和下针）。

24
page25
100~110cm

●材料

线…和麻纳卡 瓦帕曲 丹妮斯 灰茶色(58) 140g，3团；深灰色50g，1团

配件…直径20mm的纽扣3颗

针…棒针6号、5号

●成品尺寸

衣长37cm，连肩袖长44.5cm

●密度

10cm×10cm面积内：下针编织18针，25行

●编织要点

后身片 从下摆开始手指挂线起针，做下针编织，两肋立起侧边1针减针，编织终点处休针。

前身片 起针要领和后身片一样，两肋的3针编织起伏针，做6行下针编织，左肋、中央、右肋3片分别编织30行，从第31行开始3片一起编织。前门襟处左右分开编织，中央4针休针。

衣袖 肩部减针时，编织中上3针并1针减针，后面的4针往返编织。

组合 肋挑针接缝，袋口挑针编织，口袋内层要从身片内侧缝合。衣领、前门襟编织单罗纹针收针。

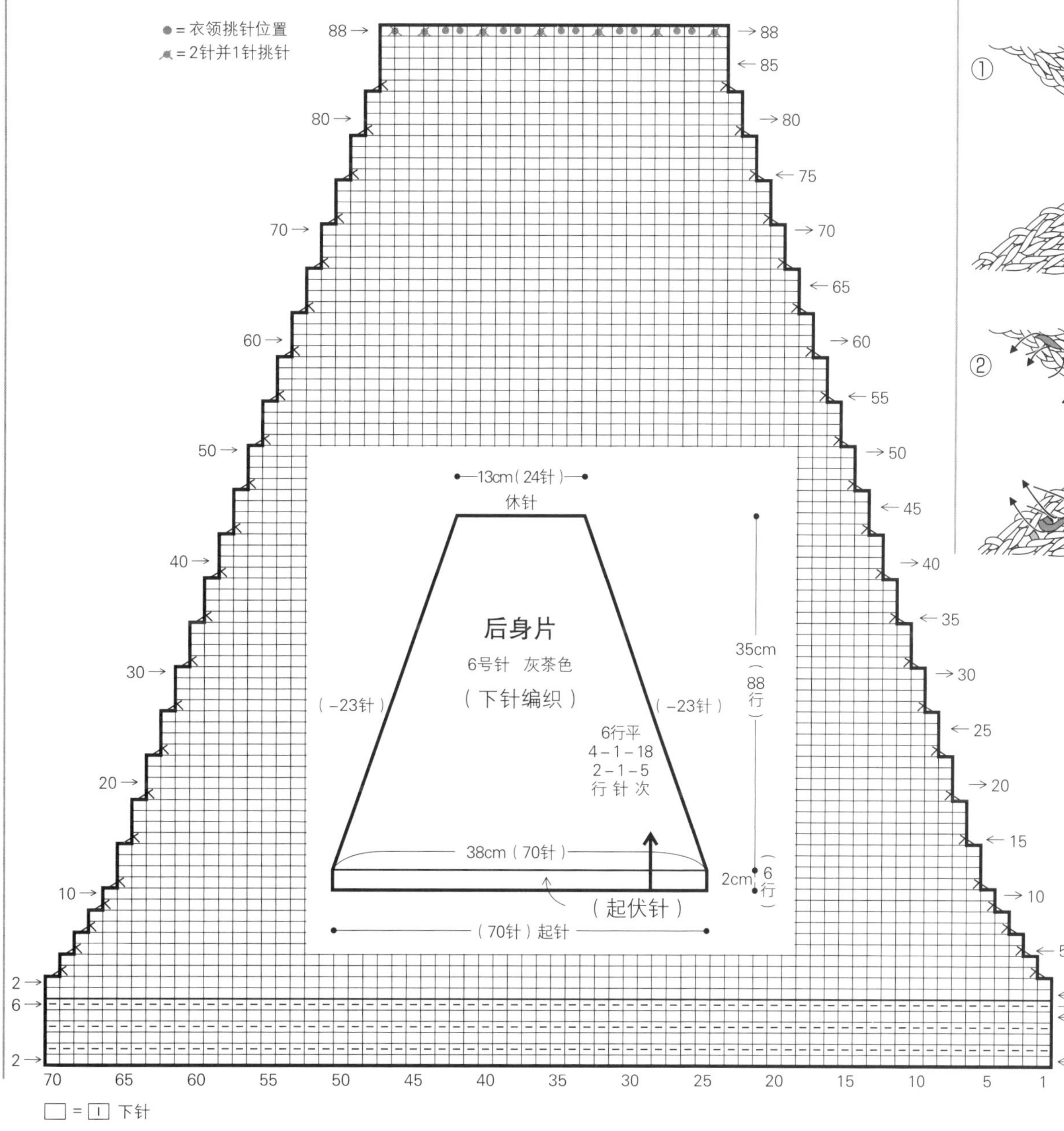

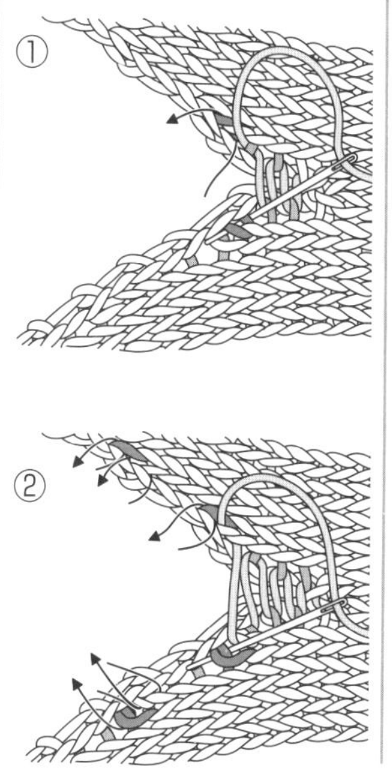

前身片 100cm 110cm

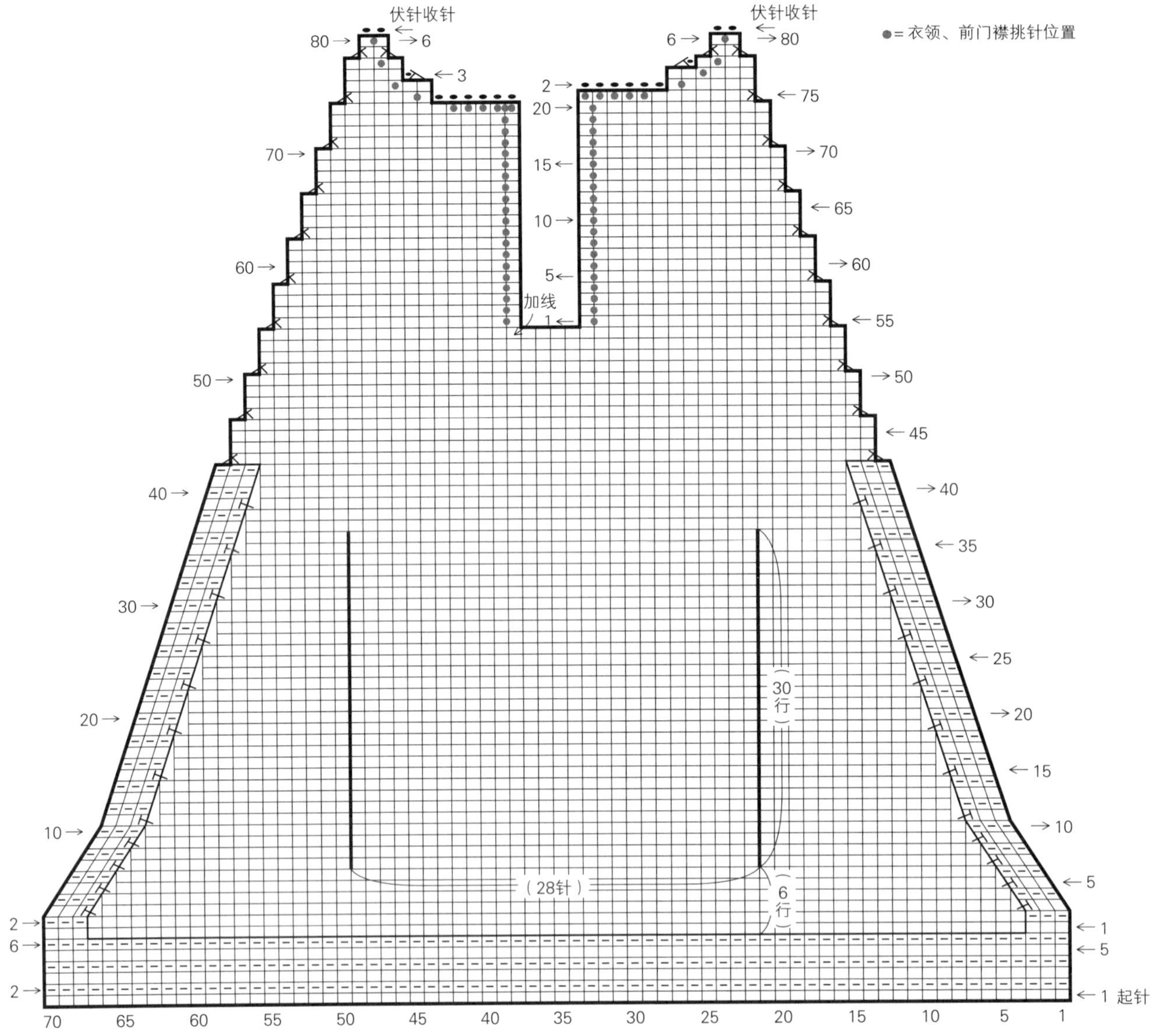

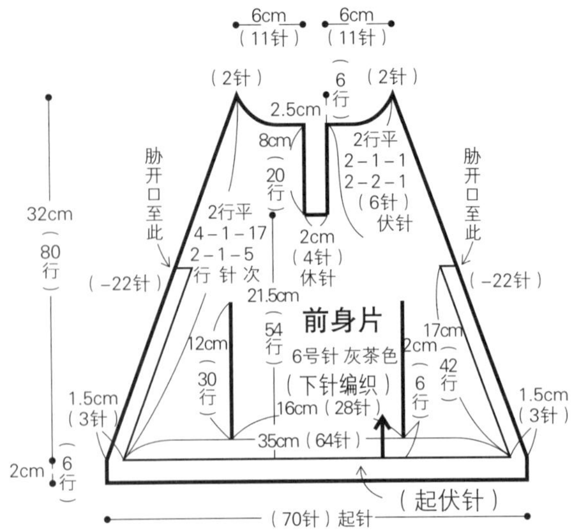

口袋、衣领、前门襟

(单罗纹针) 5号针

深灰色

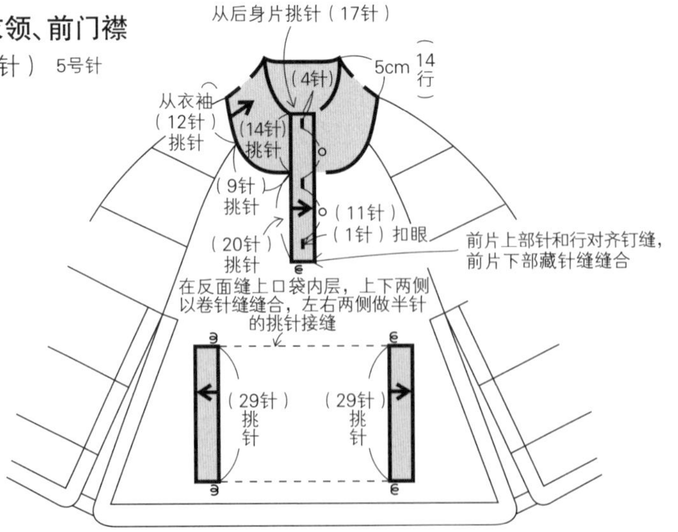

右袖 100cm 110cm

● = 衣领、前门襟的挑针位置
⌀ = 2针并1针挑针

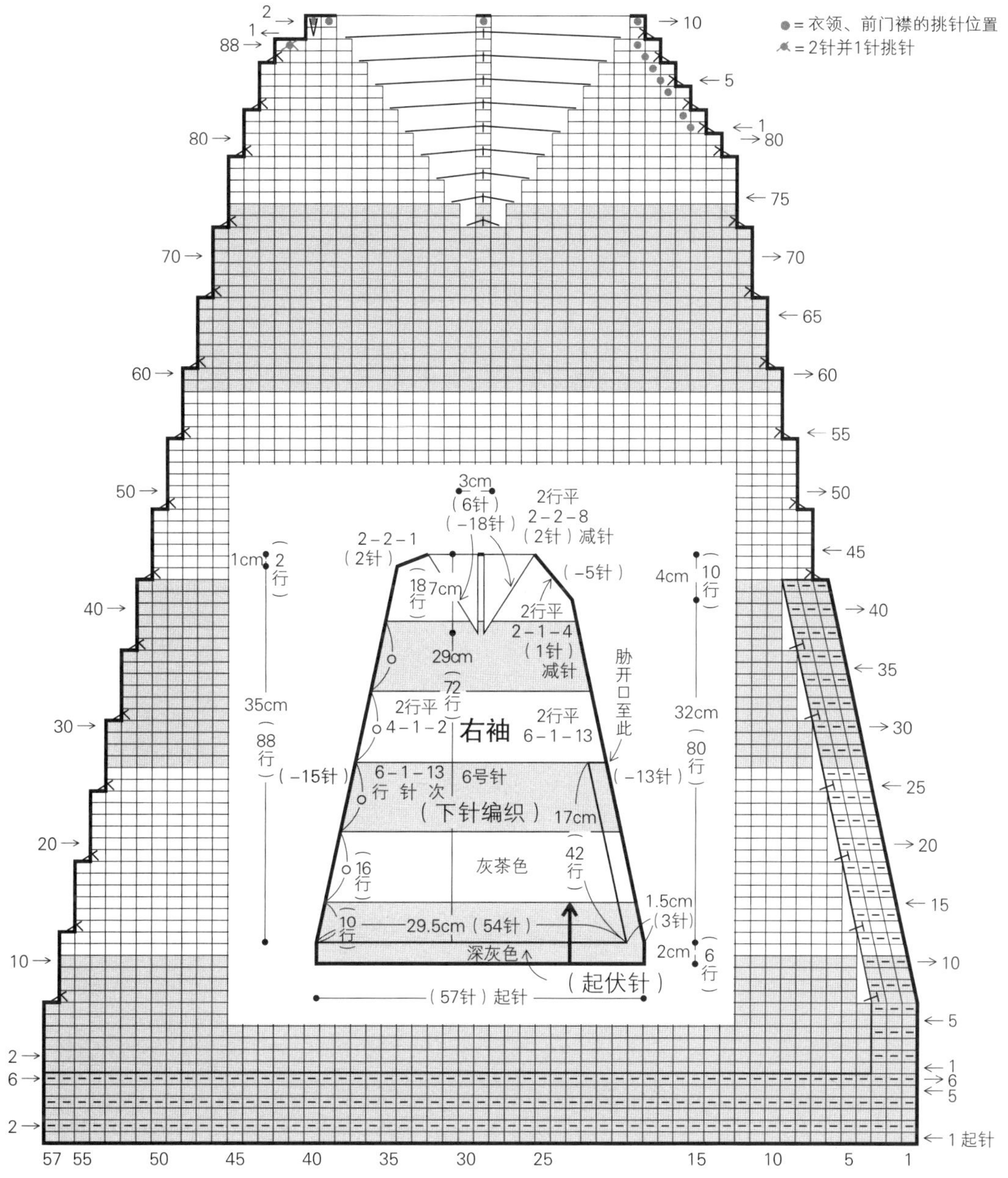

扣眼 (右前门襟)

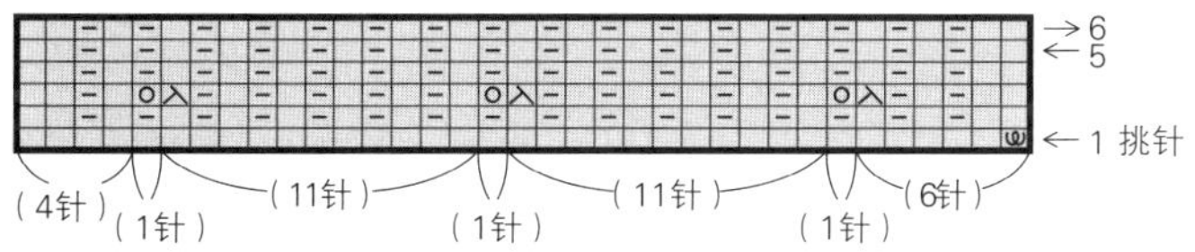

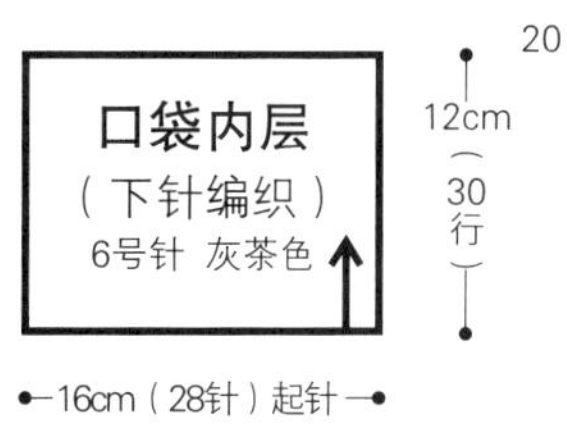

左袖 100cm 110cm

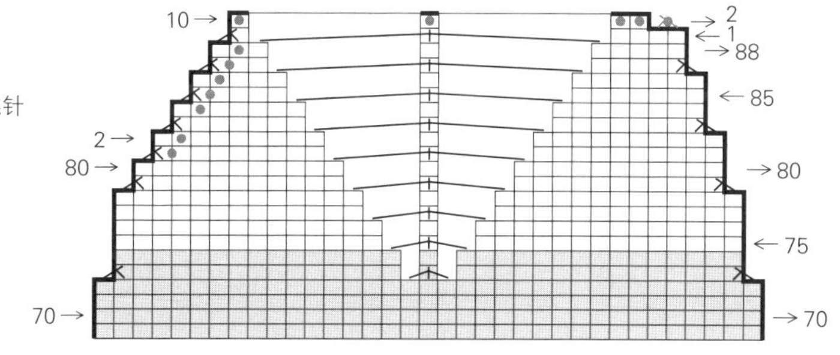

※开衩的起伏针和右袖对称编织，第78行以下编织要领相同

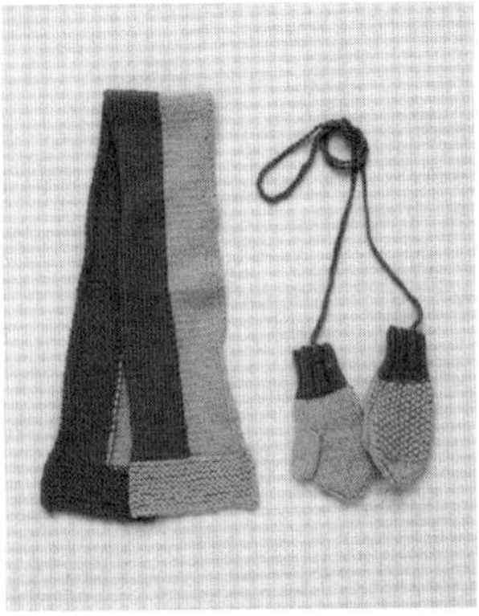

25
page26
100~110cm

●材料

线…和麻纳卡 禾米 米色(2)(围巾40g，手套25g)65g，2团；蓝色(9)(围巾40g，手套20g)60g，2团

针…棒针8号、7号

●成品尺寸

围巾 宽12cm，长93cm

手套 手腕周长15cm，长17cm

●密度

10cm×10cm面积内：加入花样、下针编织20针，24行

●编织要点

围巾 手指挂蓝色线起针，编织18行起伏针，加入花样用米色线和蓝色线纵向渡线编织194行。继续用米色线编织18行起伏针，编织终点处编织伏针收针。

手套 同样，手指挂蓝色线起30针，编织14行双罗纹针。手背处编织桂花针，手心处编织下针编织，大拇指另线编织加入花样，指端部分在指侧每行减针。编织终点处余下的针目，用缝衣针穿过系紧，手背织片和手心织片在侧面挑针接缝。另外一只左右对称编织，完成后两只手套可用毛线连接起来。

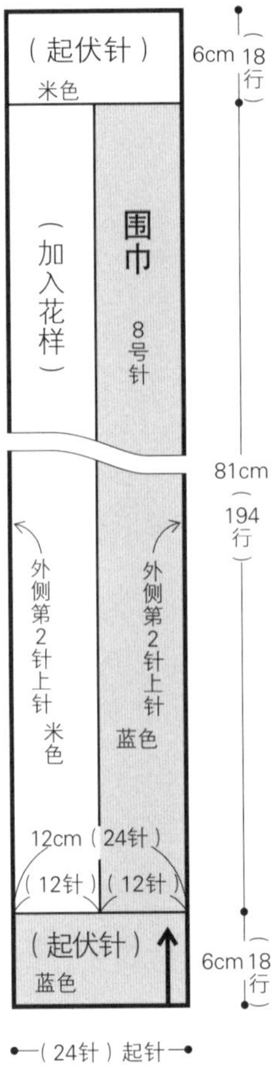

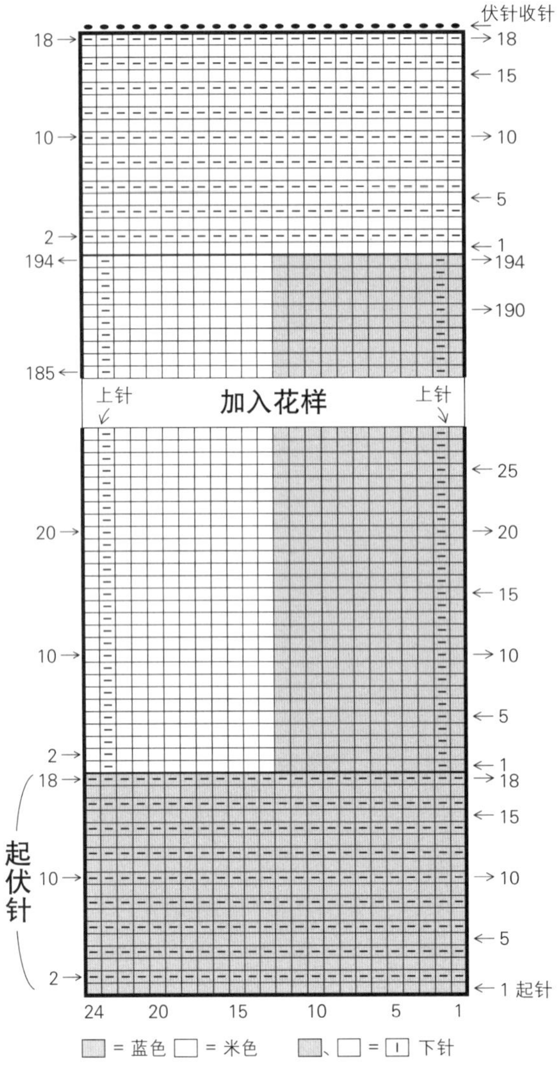

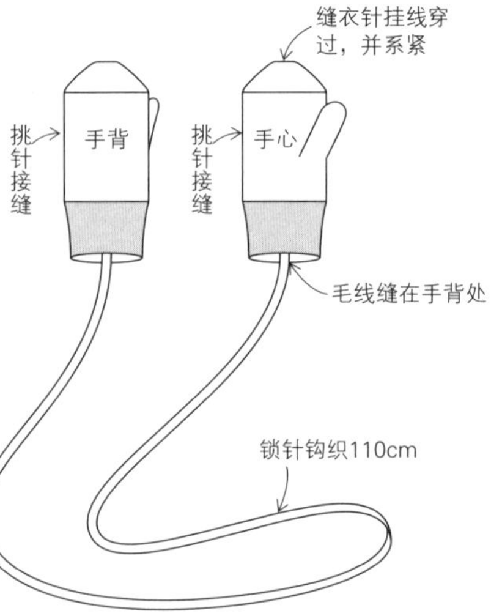

接P.87作品28

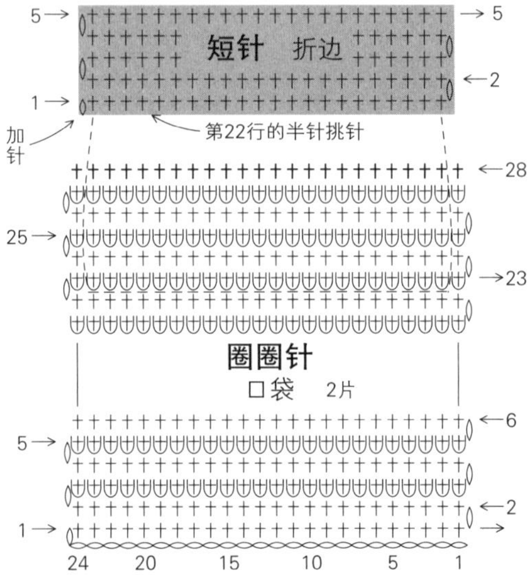

折边的钩织方法

口袋第23行钩织圈圈针(圈圈在反面出现)的22针挑针，继续钩织5行短针。

口袋最终的第28行和折边两片一起挑针钩织。

●加入花样(纵向渡线)

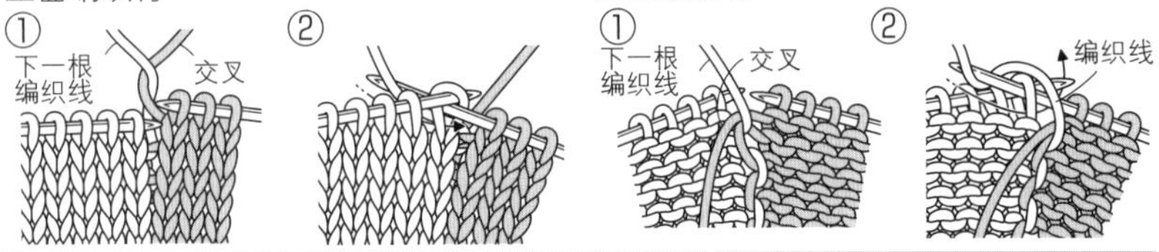

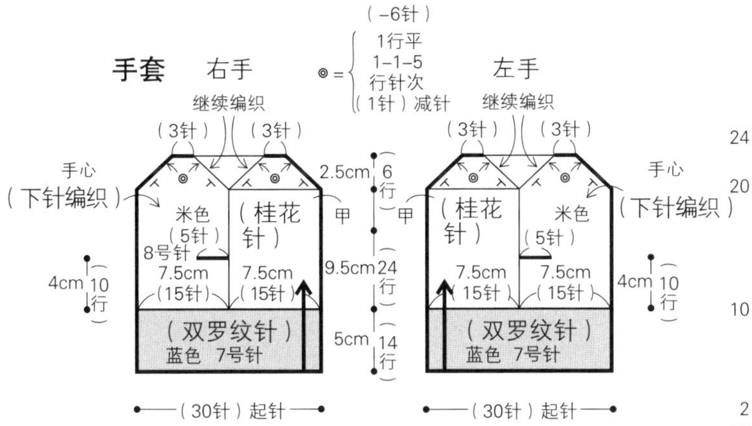

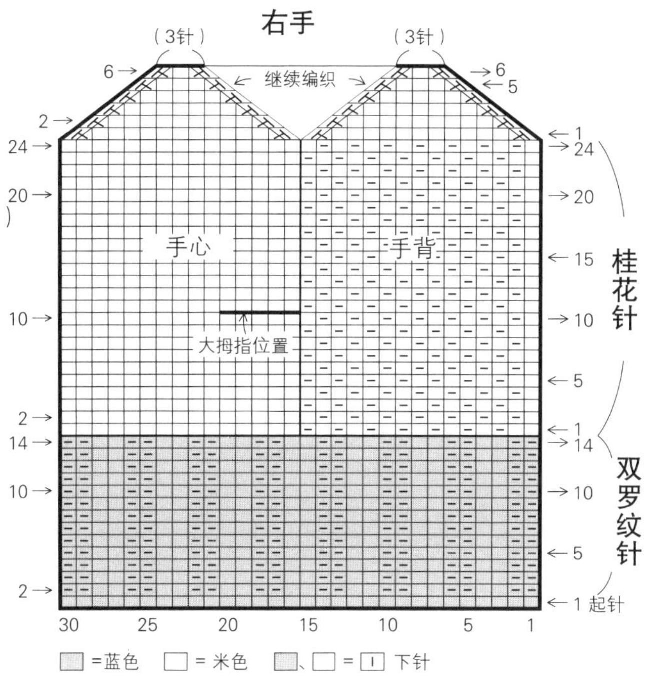

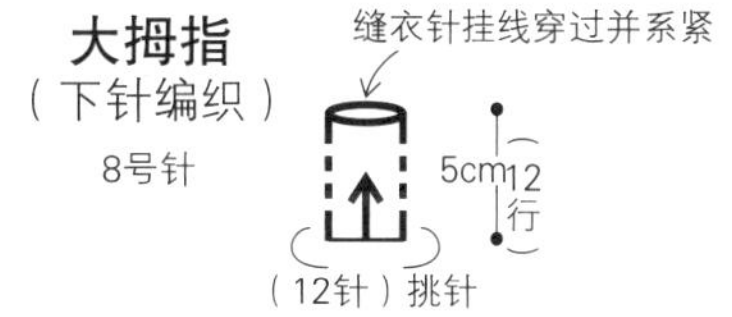

大拇指的编织方法

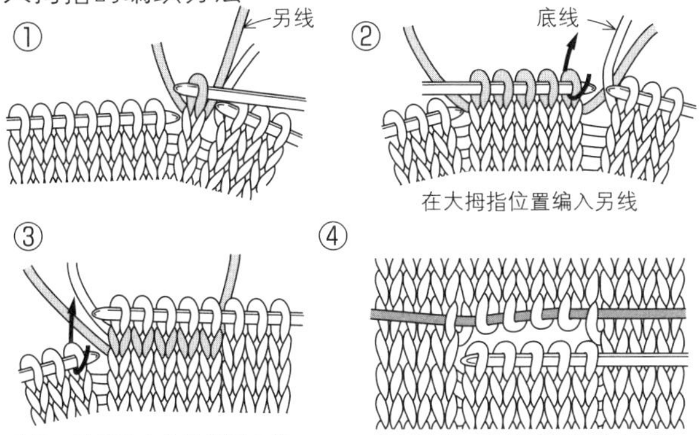

① ② 在大拇指位置编入另线

③ 在编入的另线上继续编织底线

④ 拆开另线，挑针继续编织大拇指

接 P.86作品26

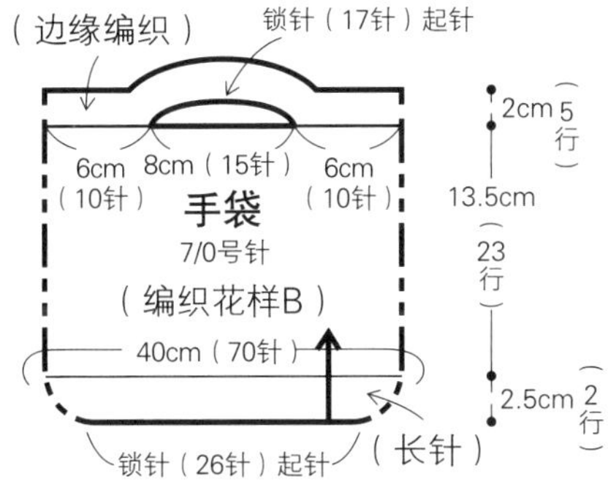

= 交替钩织短针、长长针、短针

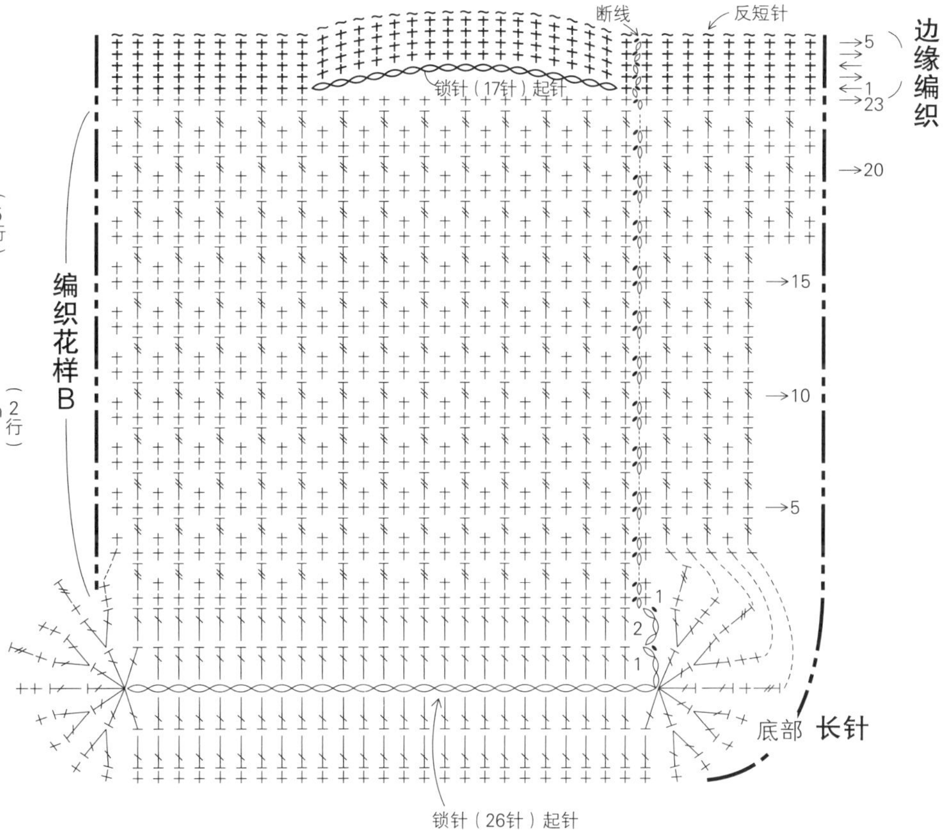

26

page27

100~110cm

●材料

线…和麻纳卡　禾米　原色(1)(围巾60g，手袋80g)140g，4团

针…钩针7/0号

●成品尺寸

围巾　宽7cm，长64cm

手袋　宽20cm，深15.5cm

●密度

编织花样A 1个花样8.5cm，5行，7cm；编织花样B 10cm×10cm面积内：17.5针，17行

●编织要点

围巾　起121针锁针，从锁针的里山挑针钩织5行编织花样A。在16针锁针钩织的系绳上钩织1行长针，在内侧的指定位置以藏针缝固定。围巾的两端缝上制作好的绒球。

手袋　底部钩织26针锁针起针，从锁针的半针挑针钩织，另一侧将余下的半针挑针钩织一周。底部钩织2行长针，之后钩织编织花样B，看着背面，交替钩织1针短针、1针长长针，环形钩织23行。在手袋入口的边缘编织的第1行起针，钩织17针锁针，提手的锁针整束挑起钩织，钩织4行短针，第5行钩织反短针。

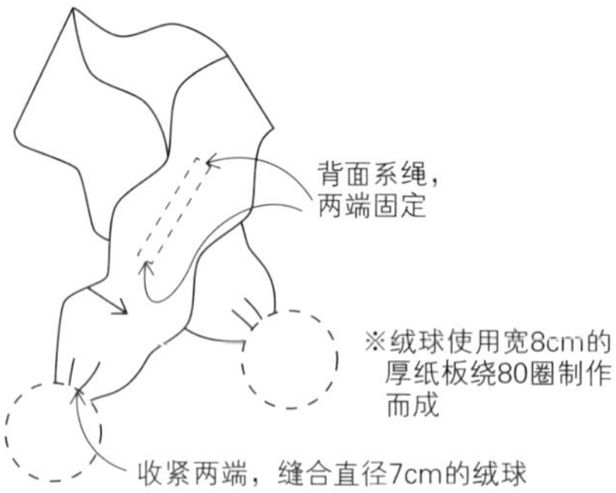

编织花样A

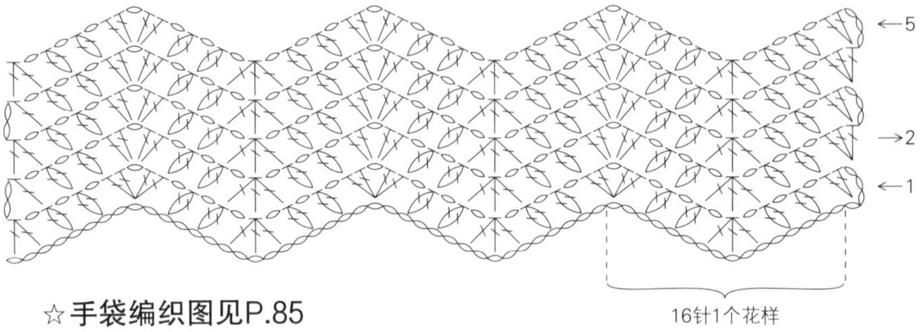

系绳　(长针)

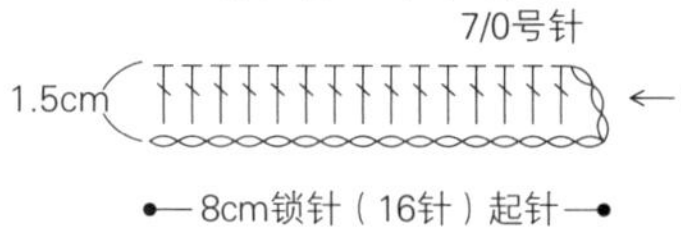

☆手袋编织图见P.85

接P.84作品28

口袋　2片

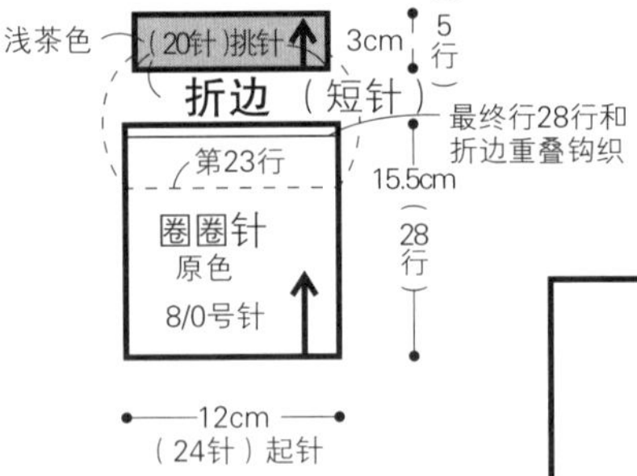

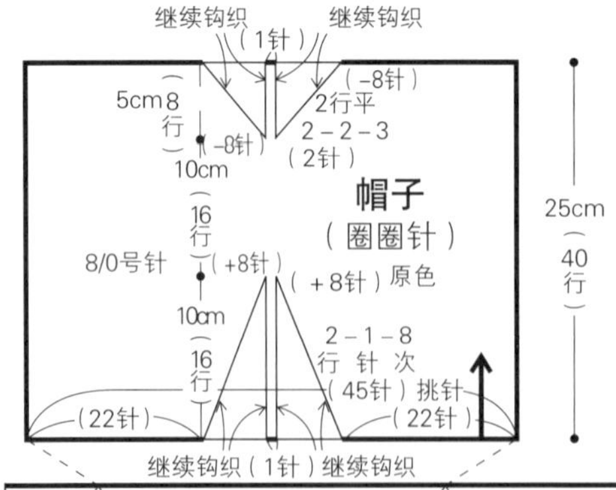

菱形针条纹花样

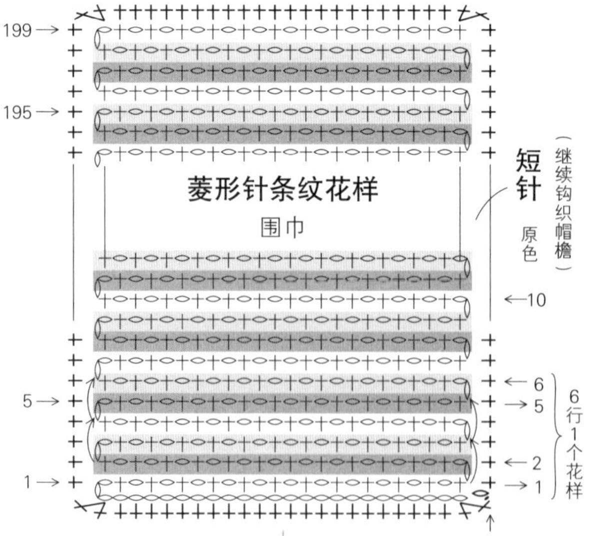

□ = 原色

▨ = 浅茶色

□ = 米色

28

page29

90~110cm

●材料

线…和麻纳卡 禾米 原色(1) 220g，6团；浅茶色(3)、灰色(2)各30g，各1团

针…钩针8/0号

●成品尺寸

宽14cm，连肩袖长56cm

●密度

10cm×10cm面积内：菱形针条纹花样20针，18行；圈圈针20针，16行

●编织要点

围巾 从一侧渡线，等针直编每行的菱形针条纹花样199行。帽子从围巾的指定位置开始，每行、每针挑针钩织45针圈圈针，1针挑1次，1行共挑取45针，钩织圈圈针。将中央1针立起后，在两侧加针，32行之后不再加减针继续钩织。在编织终点处的8行减针，内侧相对对折后，挑取短针的下部钉缝。口袋钩织28行圈圈针，其中第23行要挑取后侧半针，在背面钩织出条纹花样。折边挑取第22行反面的半针钩织5行短针。在圈圈针第28行，挑取口袋与折边的针目，2片一起钩织。在围巾、风帽的一周连续从第1行上一针一针地挑针钩织1行短针，在围巾的转角处加1针。

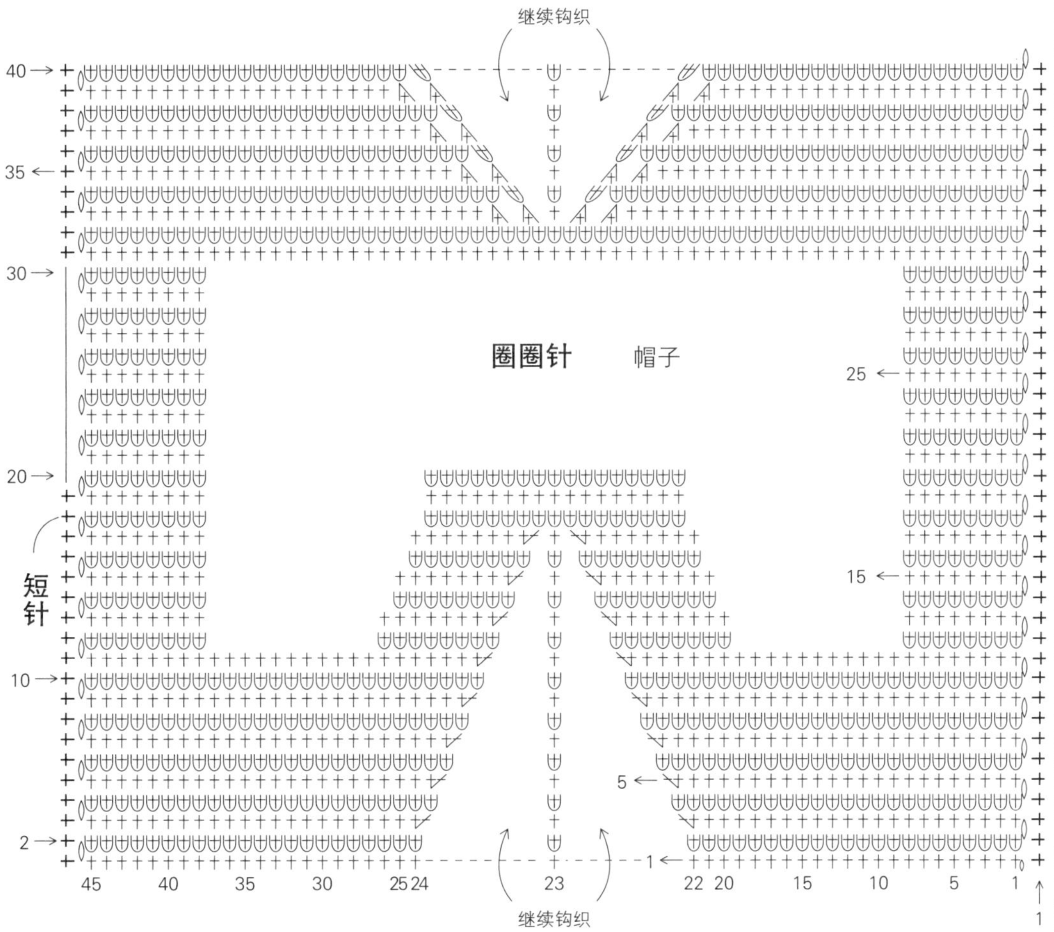

●短针的圈圈针

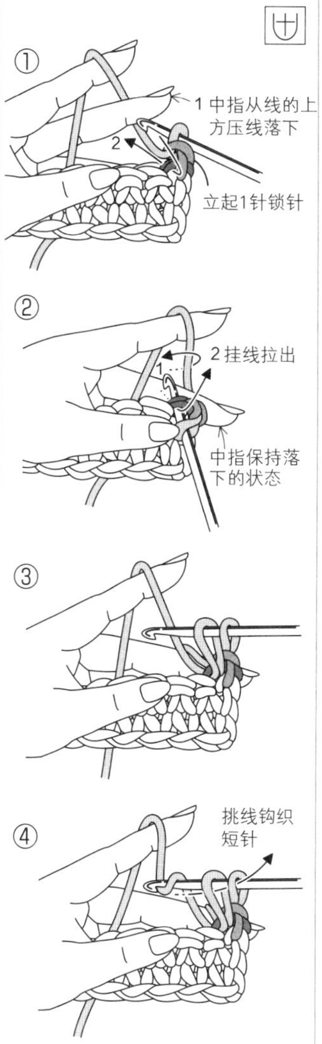

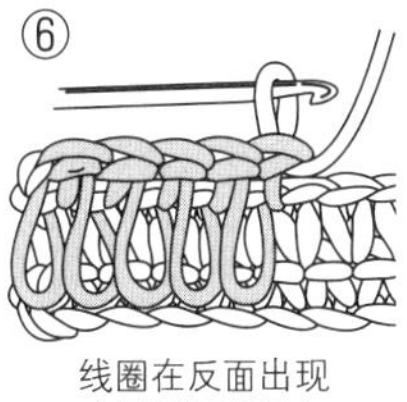

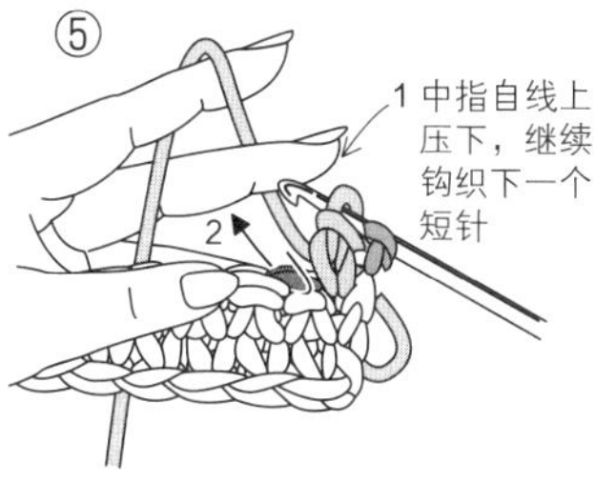

围巾、帽子四周

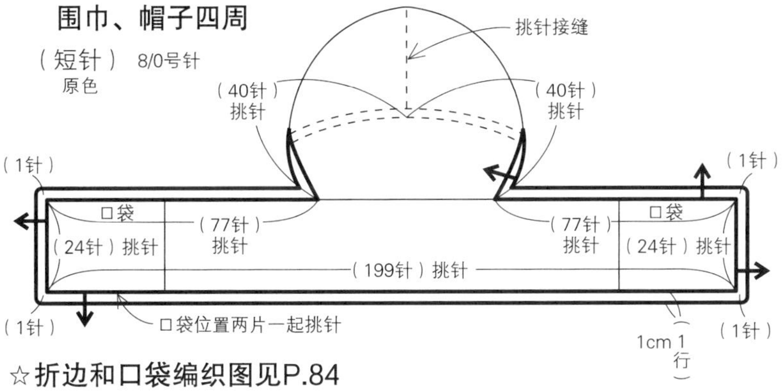

☆折边和口袋编织图见P.84

27
page28
100~110cm

●**材料**

线…和麻纳卡 可帕其 原色(1)(发带20g，手套30g) 50g，2团；米色(2)、粉色(4)(发带各8g，手套各15g)各23g，各1团

针…钩针3/0号

配件…松紧带长40cm

●**成品尺寸**

发带 宽11.5cm，长36cm

手套 手腕周长16.5cm，深15.5cm

●**密度**

大花片直径3.5cm，小花片直径3cm；10cm×10cm面积内：36针，36行

●**编织要点**

发带 钩织指定数量的大、小两种花片。摆好花片位置，采用一根线将花片在指定位置首尾连接。周围钩织1圈短针。指定位置参考图示穿线。

手套 从指尖环形起针，逐行加针环形钩织10圈，改钩织菱形针条纹花样。拇指位置钩织9针锁针，下一圈在锁针的半针和里山挑针钩织。从拇指位置挑针钩织，手腕处固定花片完成。

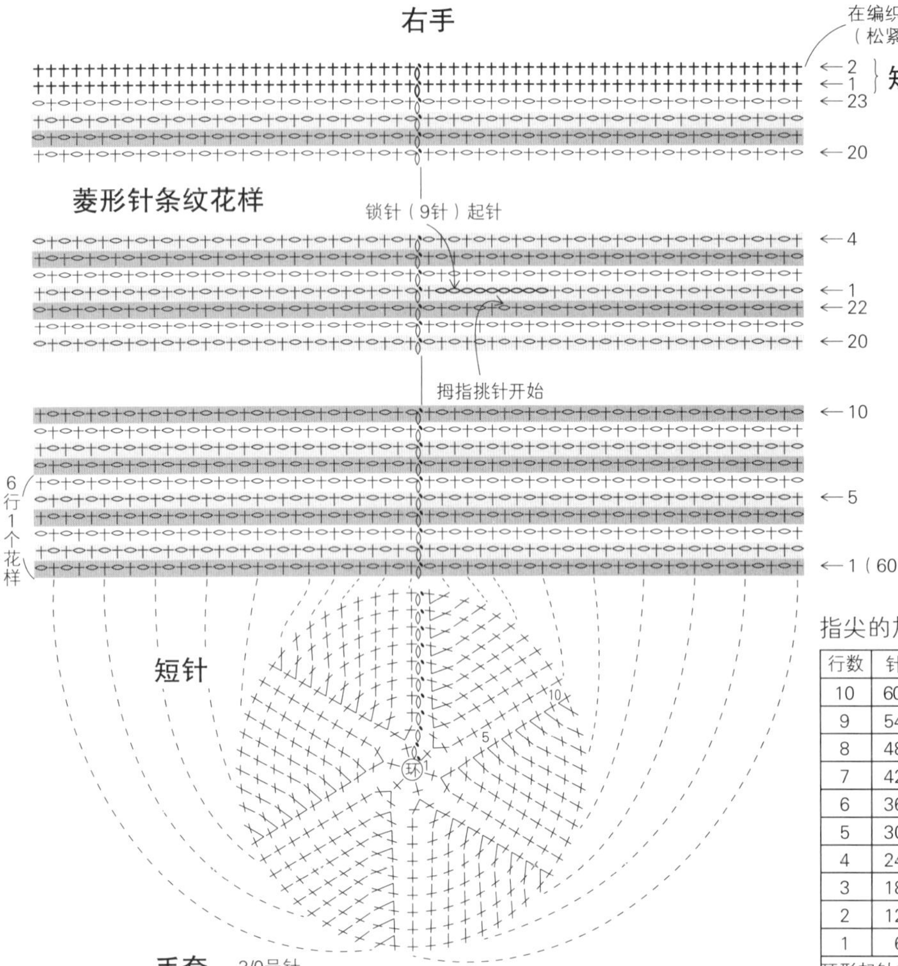

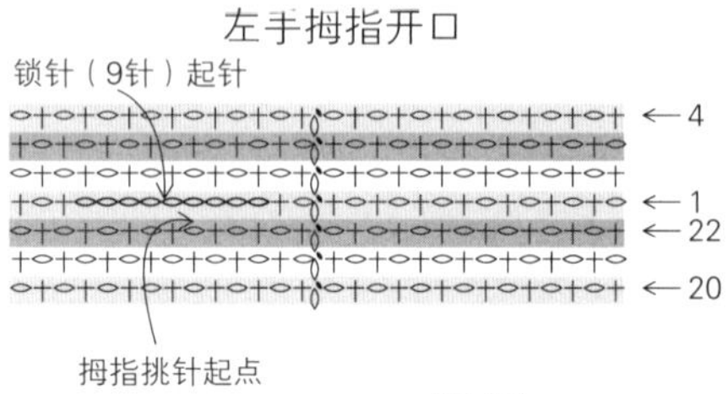

□ = 原色
□ = 米色
■ = 粉色

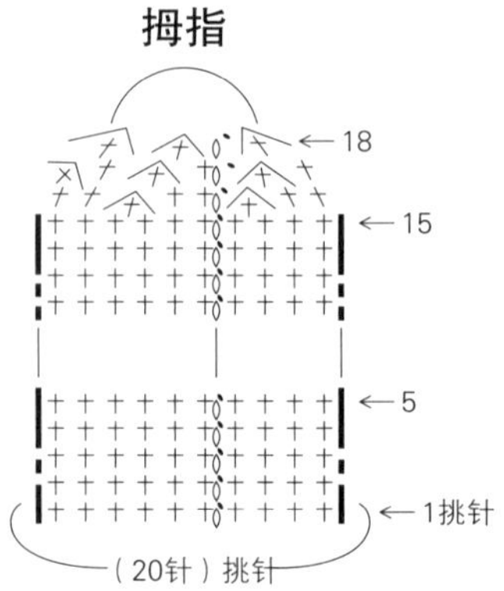

指尖的加针方法

行数	针数	
10	60针	各（+6针）
9	54针	
8	48针	
7	42针	
6	36针	
5	30针	
4	24针	
3	18针	
2	12针	
1	6针	
环形起针方向		

拇指的减针方法

行数	针数	
18	5针	（-5针）
17	10针	
16	15针	
2~15	20针	
1	20针	

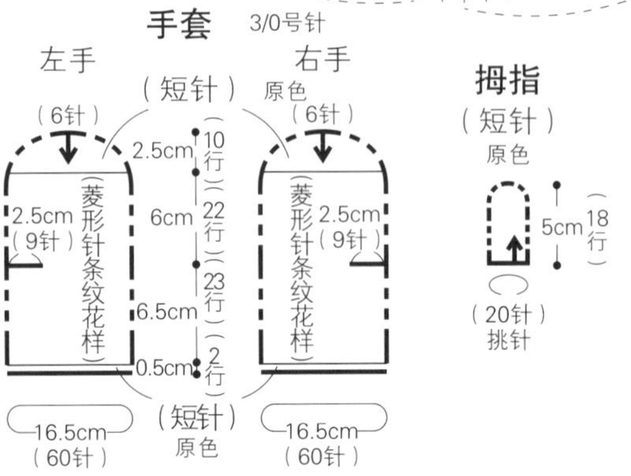

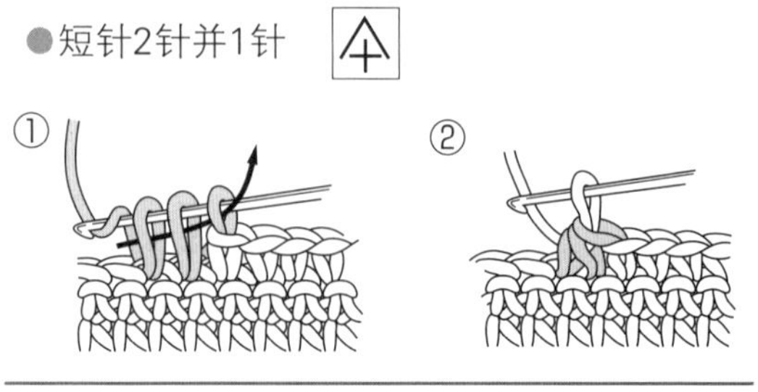

花片配置图

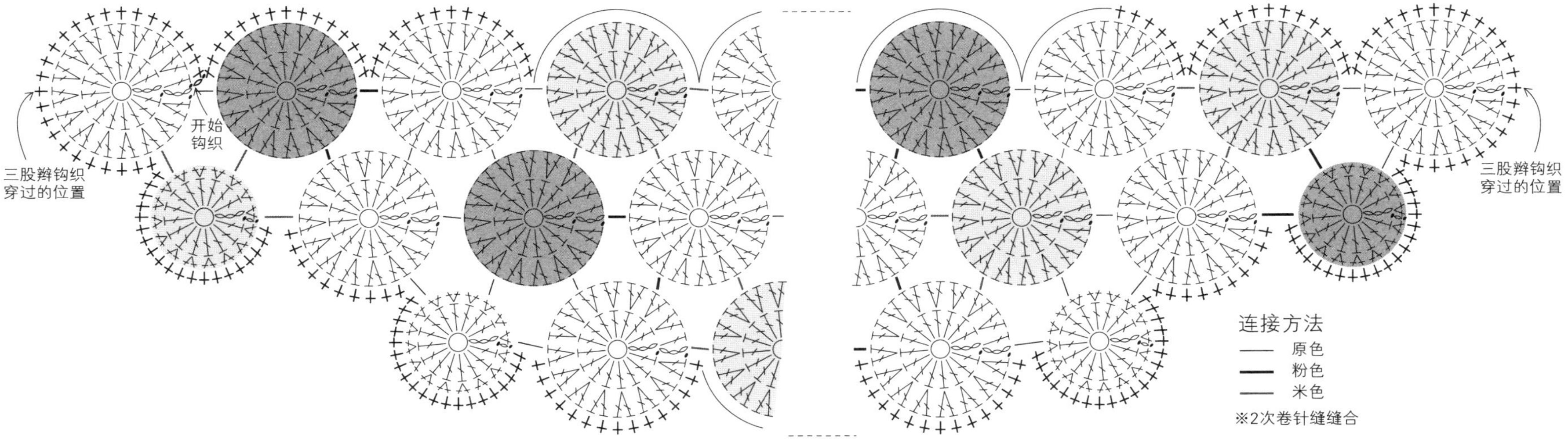

发带

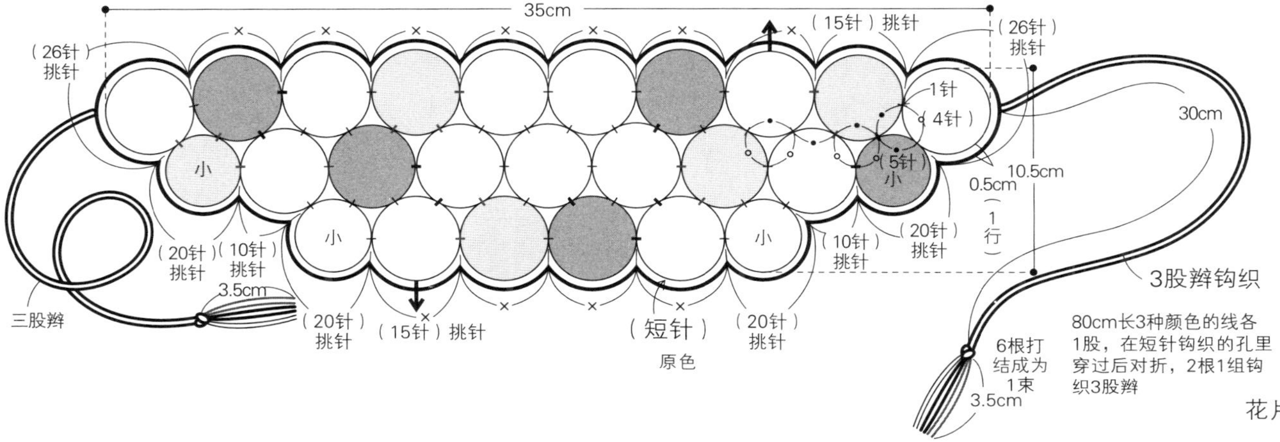

大花片

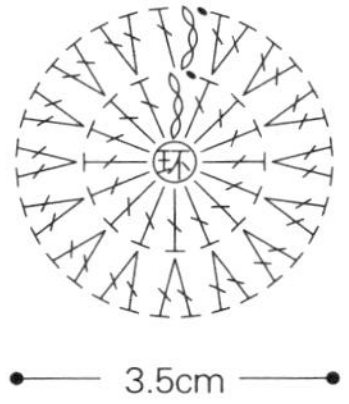

小花片

大花片

	发带
原色	13枚
粉色	4枚
米色	4枚

小花片

	发带	手套
原色	2枚	8枚
粉色	1枚	4枚
米色	1枚	4枚

花片配置图

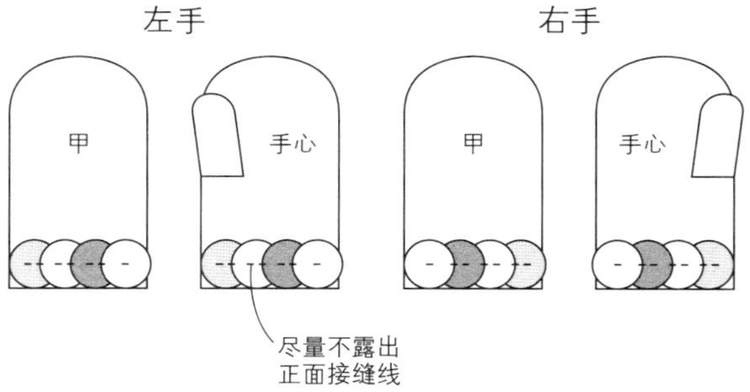

29
page30
100~110cm

●**材料**

线…和麻纳卡 蓝色(8) 270g，3团；紫色(14)、深藏青色(15)各50g，黄色(10) 20g、翠绿色(7) 10g，各1团

配件…长30cm拉链1根

针…棒针7mm

●**成品尺寸**

胸围78cm，连肩袖长49cm，衣长38cm

●**密度**

10cm×10cm面积内：加入花样11针，14行

●**编织要点**

后身片 从下摆开始手指挂线起针。编织加入花样，等针直编，在袖缝合结束处用线做好标记。肩部编织伏针收针，衣领继续编织。衣领加针时，在1针内侧编织空加针，下一行编织扭加针。编织终点处编织伏针收针。

前身片 左右对称编织两片。

衣袖 袖下的加针要领和衣领一样。

组合 肩部对齐，外侧的半针以卷针缝缝合。衣袖与前后身片的针和行对齐钉缝。胁和袖下挑针接缝，前门襟编织边缘编织并处理线头，缝上拉链。

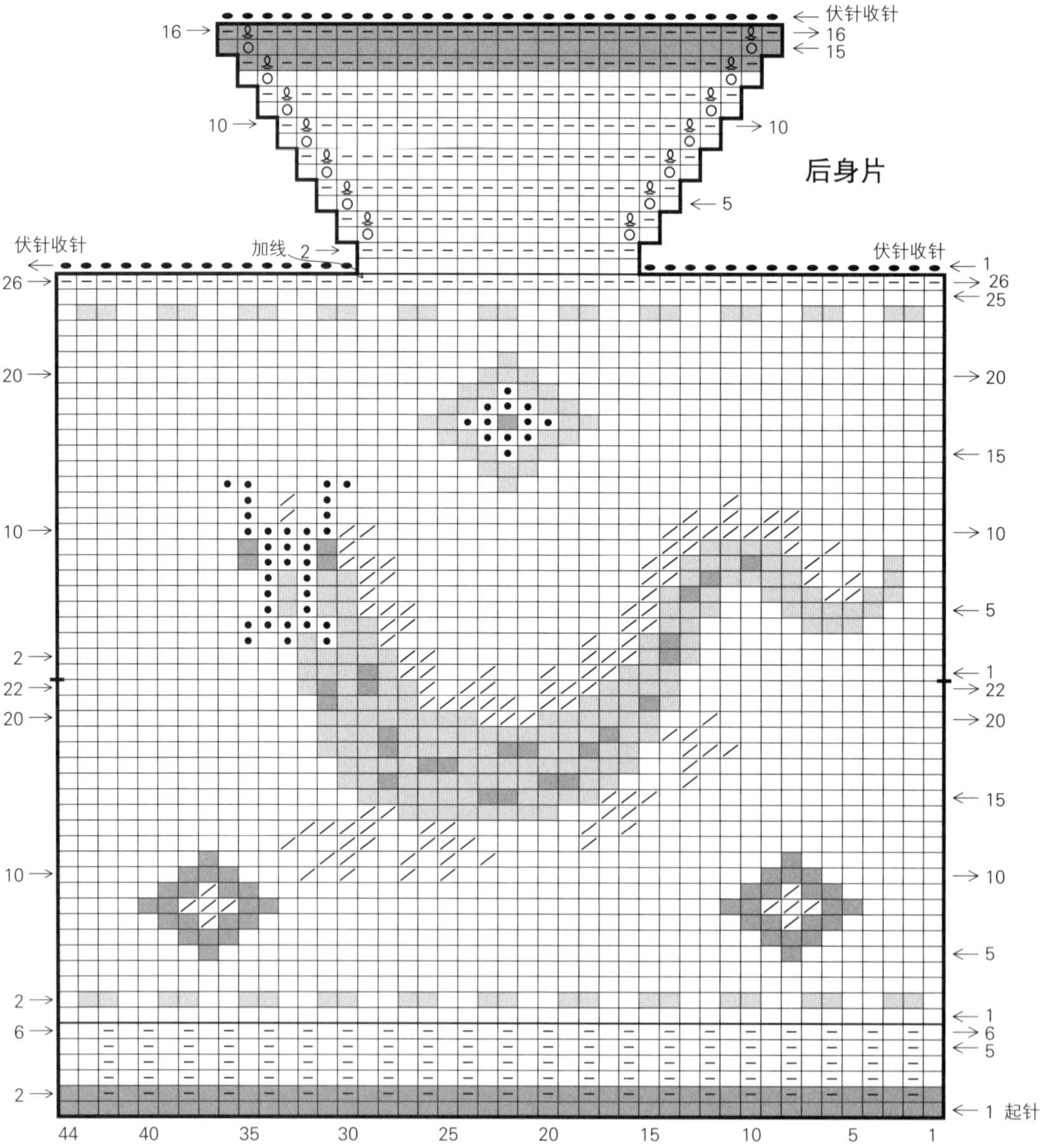

□ = 蓝色　■ = 深藏青色　▒ = 紫色　▨ = 黄色　⊡ = 翠绿色

□ = 下针　⊟ = 上针

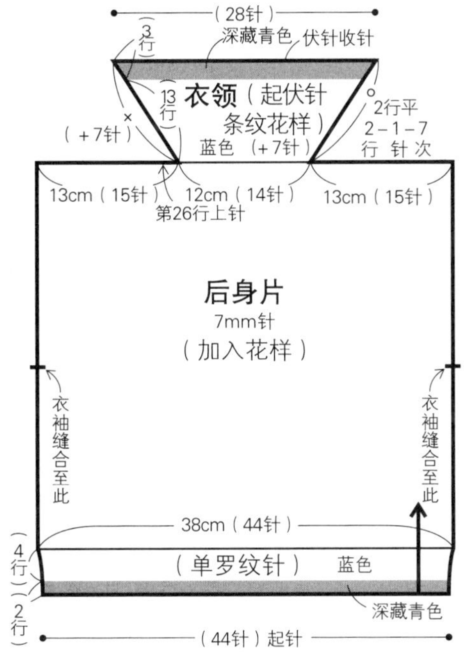

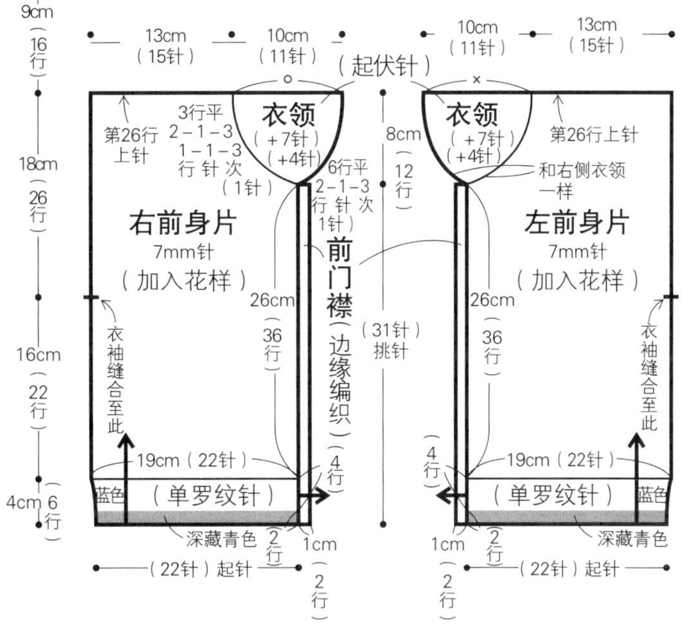

※衣领部分○和×处对齐缝合

边缘编织

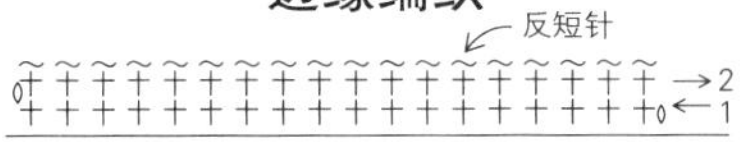

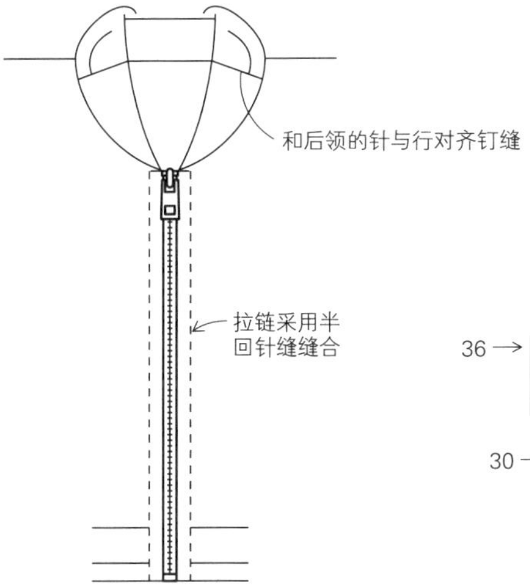

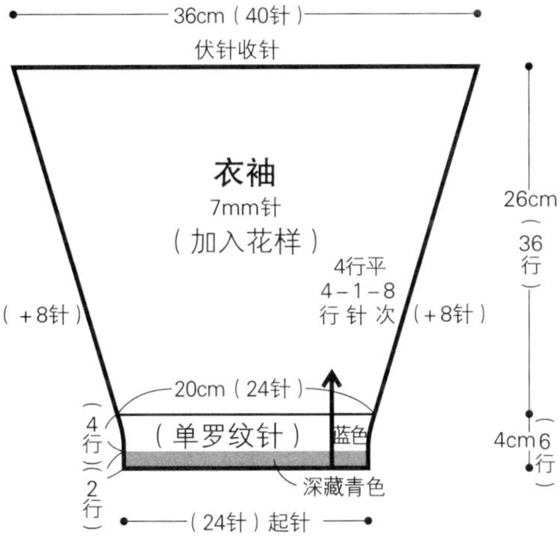

衣袖

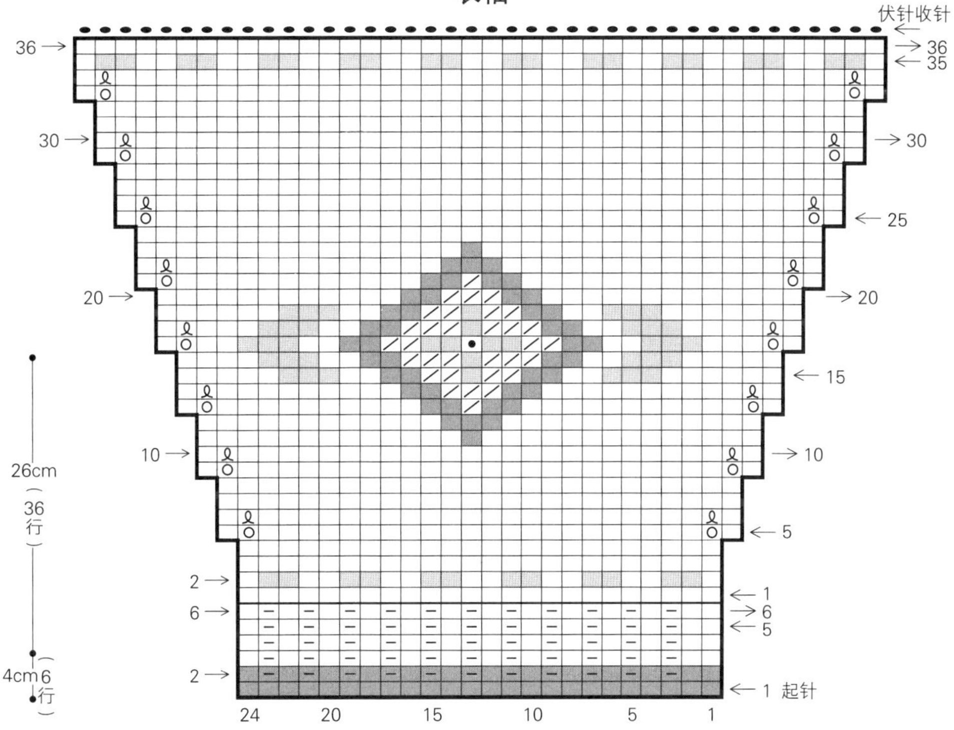

□ = 蓝色 ▪ = 深藏青色 □ = 紫色 ▨ = 黄色 ⊡ = 翠绿色

□ = 下针 ⊟ = 上针

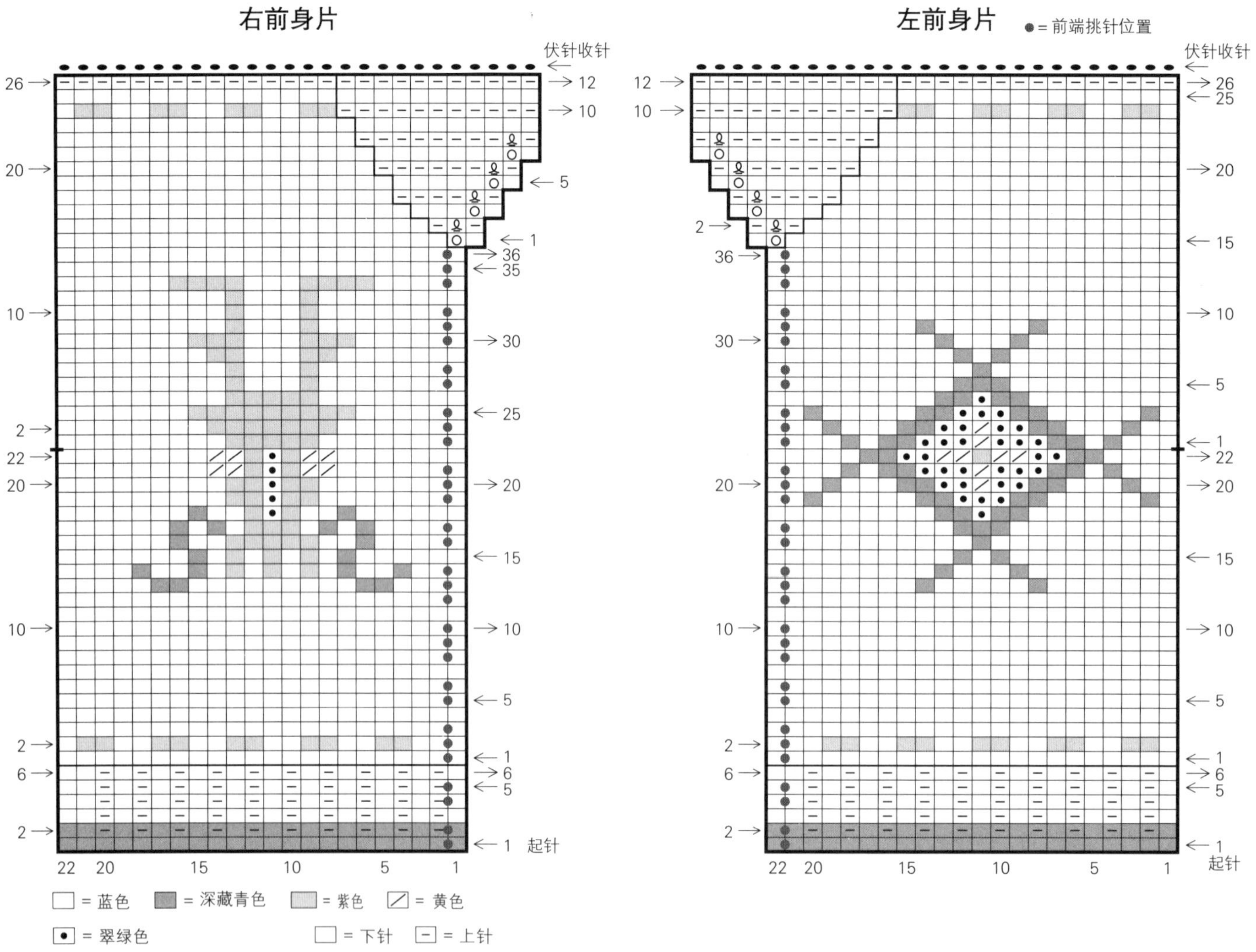
右前身片
左前身片
●=前端挑针位置
伏针收针
□=蓝色
■=深藏青色
▨=紫色
▨=黄色
⊙=翠绿色
□=下针
⊟=上针

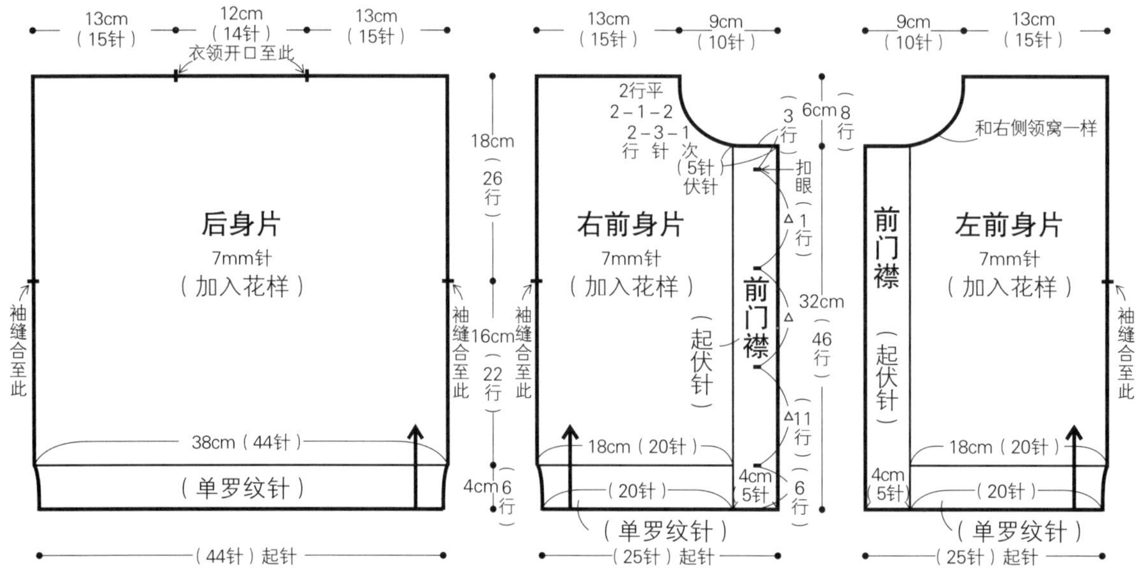
13cm（15针）
12cm（14针）
13cm（15针）
衣领开口至此
后身片
7mm针
（加入花样）
袖缝合至此
38cm（44针）
（单罗纹针）
（44针）起针
18cm（26行）
16cm（22行）
4cm 6行
13cm（15针）
9cm（10针）
2行平
2-1-2
2-3-1
行 针 次
（5针）伏针
6cm 8行
3行
扣眼
1行
32cm（46行）
11行
6行
右前身片
7mm针
（加入花样）
前门襟
（起伏针）
18cm（20针）
（20针）
4cm 5针
（单罗纹针）
（25针）起针
9cm（10针）
13cm（15针）
和右侧领窝一样
左前身片
7mm针
（加入花样）
前门襟
（起伏针）
18cm（20针）
（20针）
4cm 5针
（单罗纹针）
（25针）起针

30
page31
100~110cm

●材料

线…和麻纳卡 3s加拿大人 粉色(12) 220g，3团；翠绿色(7) 50g、蓝色(8) 40g、深藏青色(15) 20g、黄色(10) 10g，各1团

配件…直径28mm的纽扣，黄色2颗，翠绿色、蓝色各1颗

针…棒针7mm、8mm

●成品尺寸

胸围78cm，连肩袖长49cm，衣长38cm

●密度

10cm×10cm面积内：加入花样11针，14行

●编织要点

后身片 从下摆开始手指挂线起针。编织加入花样，等针直编，在袖缝合结束处用线做好标记。肩部休针。

前身片 和前门襟一起编织，右前门襟上要预留扣眼，左右对称编织两片。

衣袖 袖下加针时，在1针内侧编织空加针，下一行编织扭加针。编织终点处编织伏针收针。

组合 肩部正面相对，对齐后盖针钉缝。衣袖与前后身片的针与行对齐钉缝。肋和袖下挑针接缝，衣领从前后身片挑针编织，编织终点处编织伏针收针。

后身片

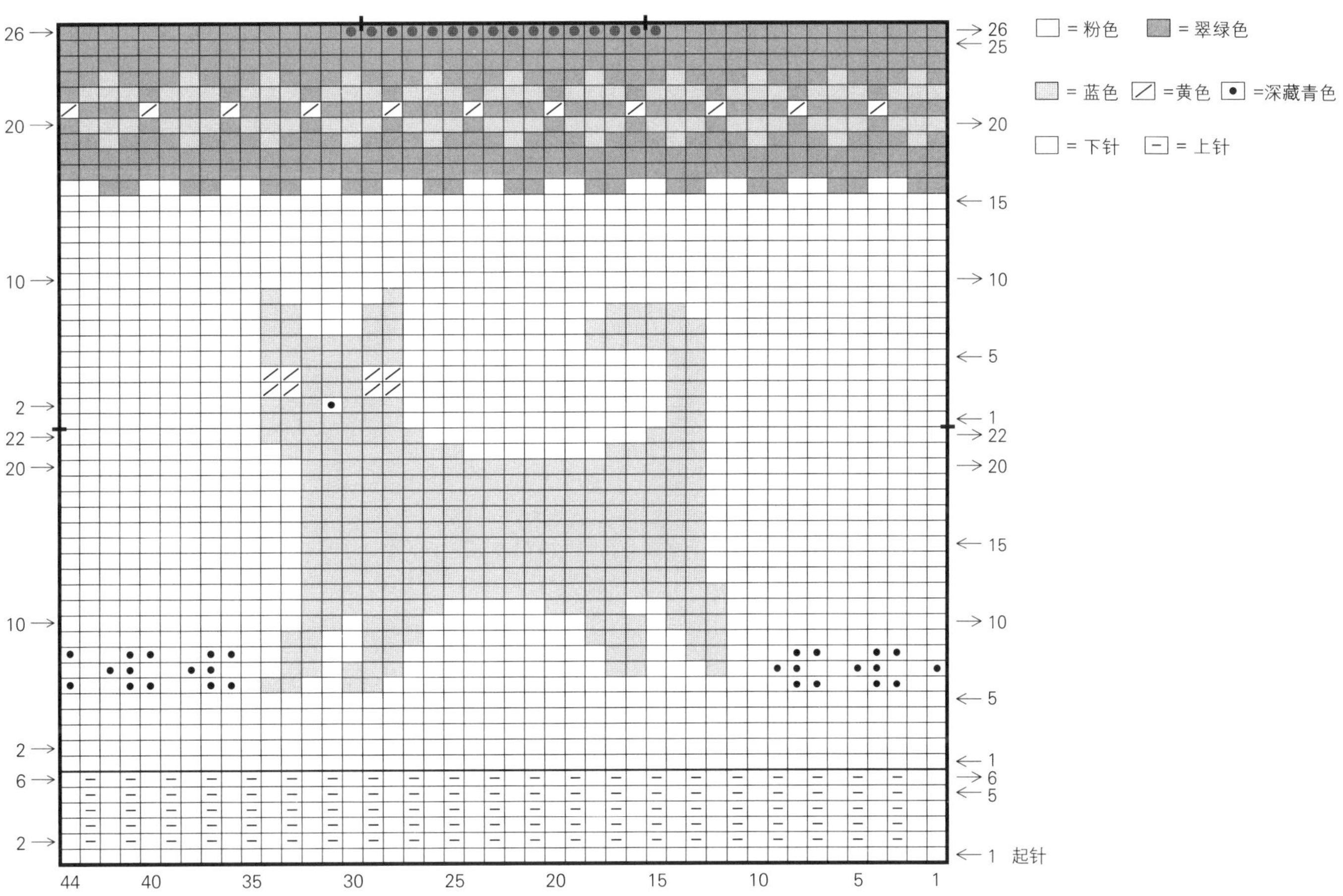

●空加针和扭加针的编织方法

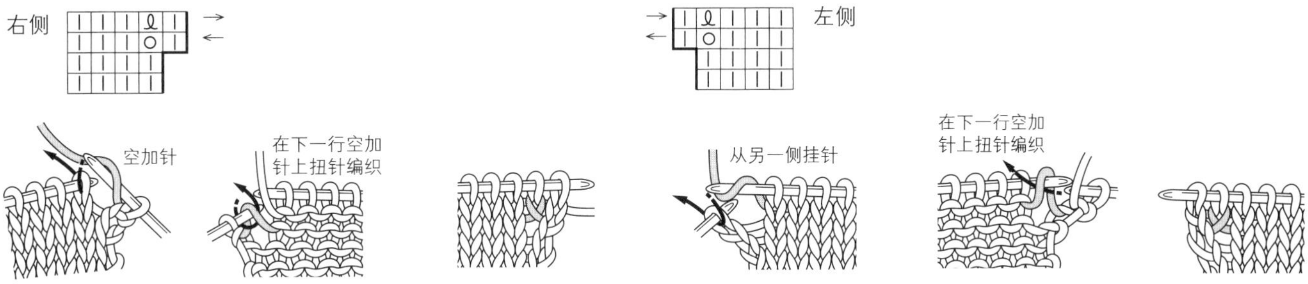

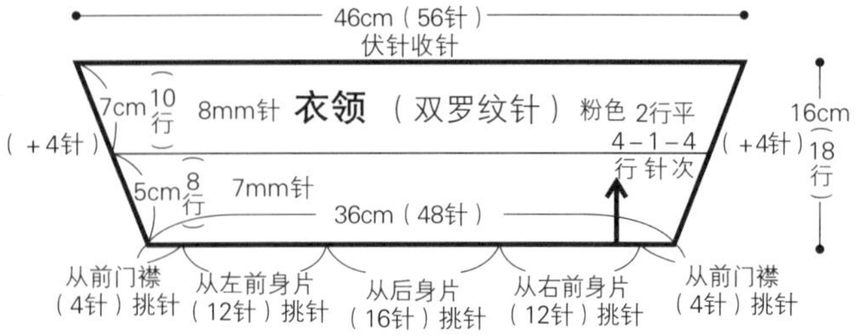

衣领（反面）

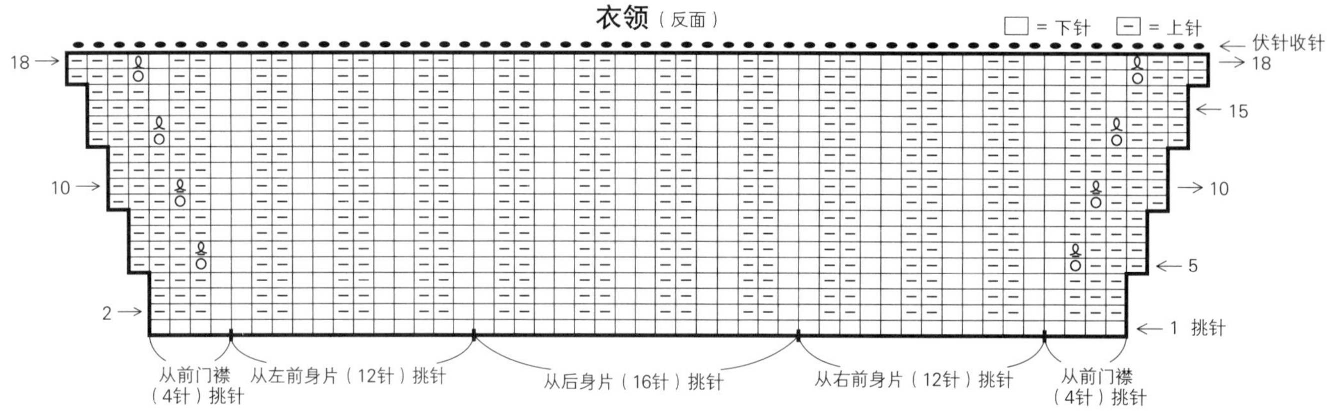

※从身体的正面开始挑针

右前身片

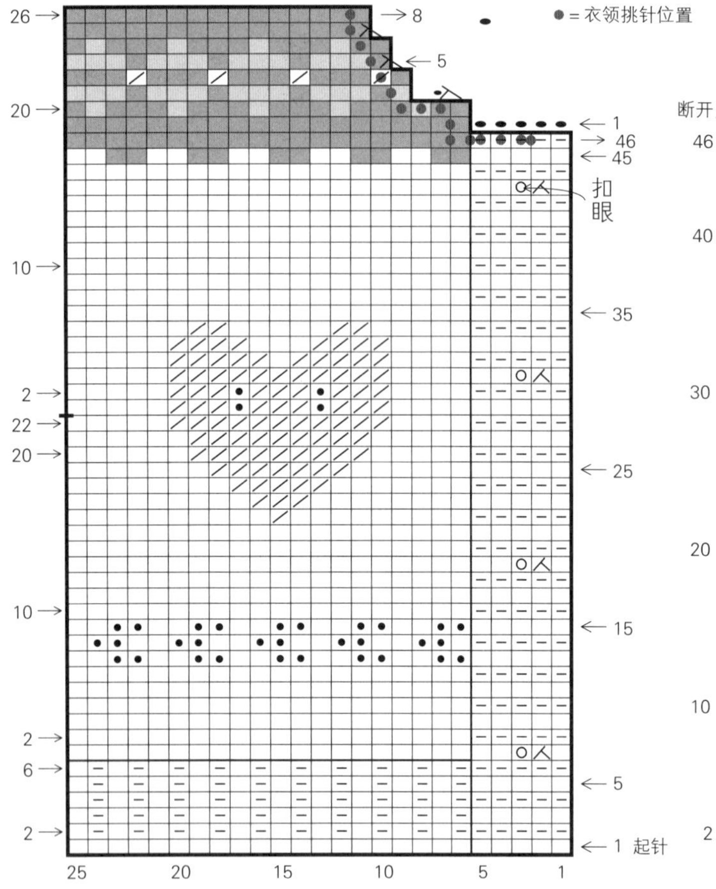

左前身片

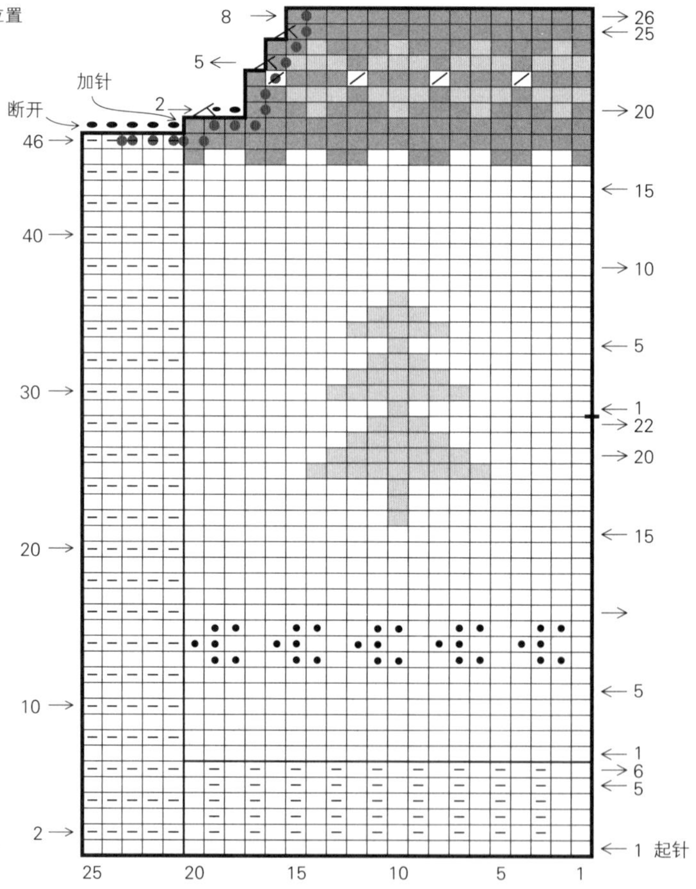

□ = 粉色 ▩ = 翠绿色 ▨ = 蓝色 ⧄ = 黄色 ⊡ =深藏青色

□ = 下针 ⊟ = 上针

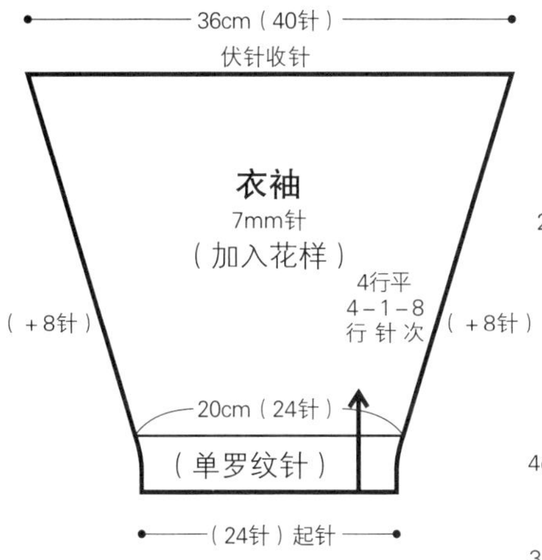

左袖

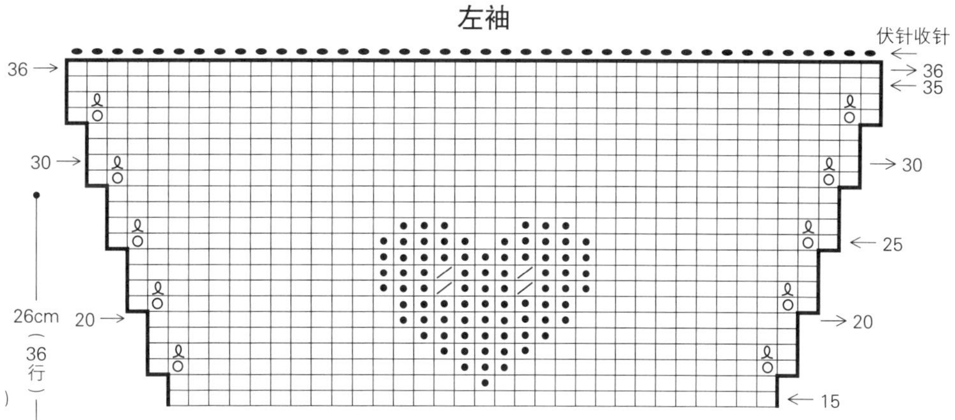

※至第14行为止和右袖同样编织

□ = 粉色　▨ = 翠绿色　□ =蓝色　⊘ = 黄色　⊡ = 深藏青色

□ = 下针　⊟ = 上针

右袖

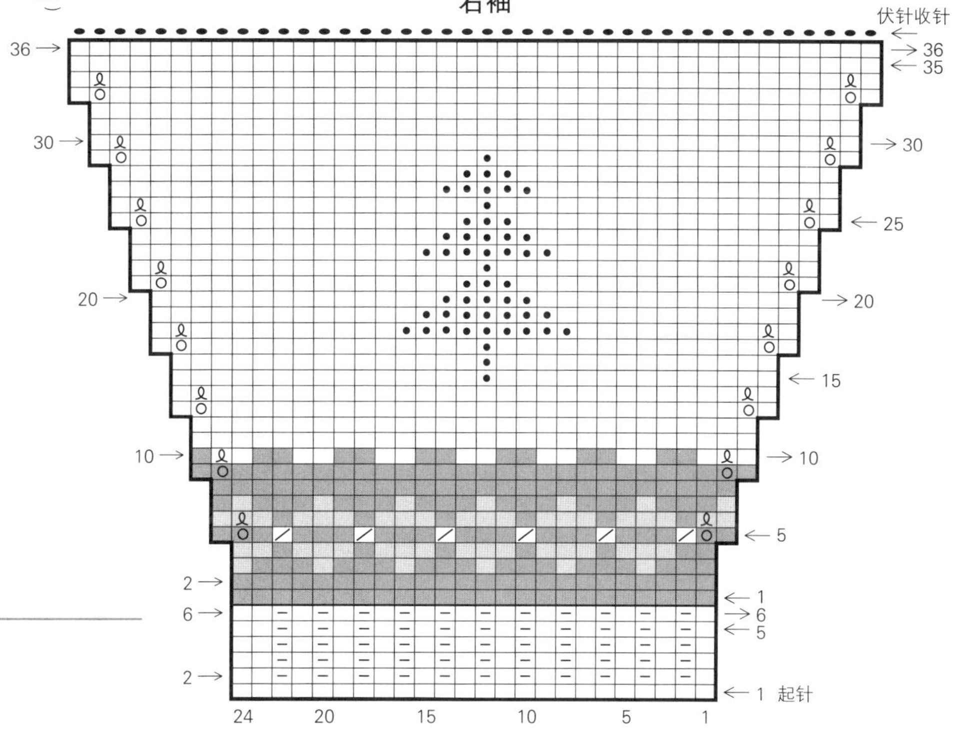

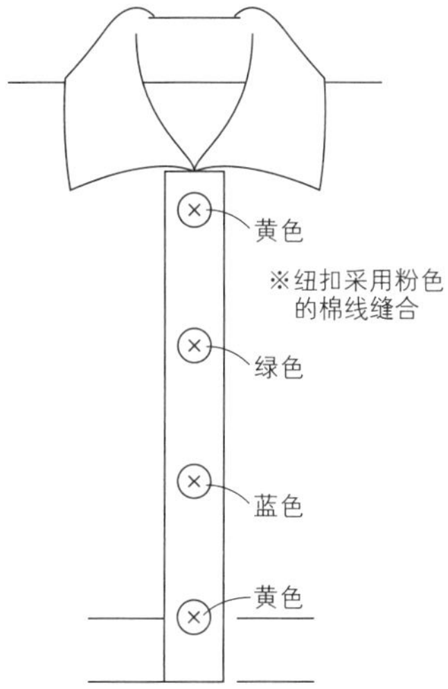

●横向渡线编织加入花样

正面行

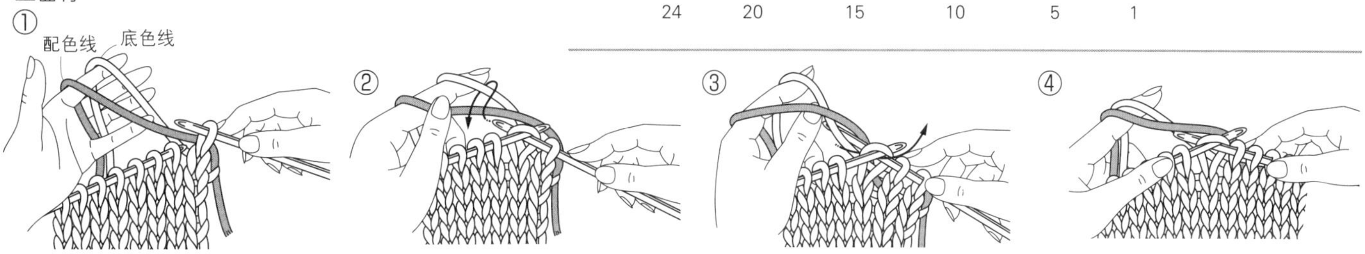

背面行

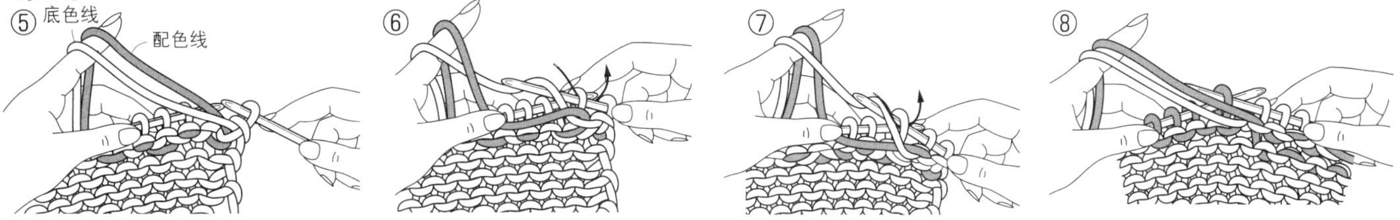

图书在版编目（CIP）数据

妈妈最想编织的儿童毛衣 / 日本宝库社编著；徐颖译. —郑州：河南科学技术出版社，2015.4

ISBN 978-7-5349-7485-4

Ⅰ.①妈… Ⅱ.①日… ②徐… Ⅲ.①童服-毛衣-编织 Ⅳ.①TS941.763.1

中国版本图书馆CIP数据核字（2015）第010647号

出版发行：河南科学技术出版社
地址：郑州市经五路66号　邮编：450002
电话：（0371）65737028　65788613
网址：www.hnstp.cn
策划编辑：刘　欣
责任编辑：张　培
责任校对：耿宝文
封面设计：张　伟
责任印制：张艳芳
印　　刷：北京盛通印刷股份有限公司
经　　销：全国新华书店
幅面尺寸：213 mm × 285 mm　印张：6　字数：150 千字
版　　次：2015年4月第1版　2015年4月第1次印刷
定　　价：36.00元

如发现印、装质量问题，影响阅读，请与出版社联系并调换。